U0799154

装备计量保证技术与应用

徐中英　吴玉彬　岳瑞华　李小锋　编著

国防工业出版社

·北京·

内容简介

全书围绕计量保证方案（MAP）展开深入探讨，系统且全面地介绍了MAP的相关原理和知识，从MAP的基本概念入手，逐步深入剖析其理论内核，让读者对这一重要体系有清晰且透彻的认知。全书共分为7章，着重对计量保证方案的基本原理进行了深入研究，从理论根源上阐述其运作机制和关键要点，使读者能够把握MAP的本质；对相关的误差和不确定度评定展开细致分析，通过大量实际案例和严谨的数学推导，帮助读者掌握科学准确的评定方法，从而有效控制测量误差，提高测量结果的可信度。

本书在内容编排上始终秉持注重工程实际的原则，对复杂的理论和技术进行精心梳理，为从事装备计量技术工作和管理工作的人员提供了极具价值的参考，无论是技术人员在实际操作中遇到的难题，还是管理人员在计量体系建设和质量把控方面的困惑，都能在本书中找到切实可行的解决方案和指导建议。

图书在版编目（CIP）数据

装备计量保证技术与应用 / 徐中英等编著. -- 北京：国防工业出版社，2025. 9. -- ISBN 978-7-118-13767-5

Ⅰ. TB9

中国国家版本馆CIP数据核字第20252JL543号

※

国防工業出版社 出版发行

（北京市海淀区紫竹院南路23号　邮政编码100048）

北京虎彩文化传播有限公司印刷

新华书店经售

*

开本 710×1000　1/16　**印张** 9　**字数** 154千字

2025年9月第1版第1次印刷　**印数** 1—1500册　**定价** 89.00元

国防书店：（010）88540777　　书店传真：（010）88540776

发行业务：（010）88540717　　发行传真：（010）88540762

前　言

计量是保证量值准确统一的重要技术手段，直接决定装备的技术性能和应用决策。计量保障是装备应用中的一项重要工作，其中控制系统有关设备的计量不仅要求高，而且量大面广，是用户计量工作的重点。传统计量存在的一些问题不能满足现实要求，比如采用定期检定和视情检定的方法，在检定周期内无法保证装备的技术性能满足规定要求；仅仅针对仪器设备自身的技术性能和量值统一，不考核仪器设备使用现场的环境条件和使用人员；只利用计量数据，用户大量的训练数据不予理会，计量工作独立进行，与用户训练脱节，计量效率低等。现实情况下，计量工作必须满足全面性、不间断性、现场性和高效性。虽然需要计量的设备多，但其参数集中在电学、时频和电子量上，立足用户计量保障现状和计量技术的发展成果，研究满足全面性、不间断性、现场性、高效性等要求的新型计量技术和计量方案是非常迫切的。

计量保证方案（MAP）具有综合考核实验室的计量能力、实现现场校准、实现对参加实验室测量过程的长期连续的质量控制等突出优点，非常值得借鉴应用于装备的计量方案设计中。基于新型计量方案设计的需要，编著本书，综合介绍、研究 MAP 的基本原理和相关技术，设计新型实用的装备计量方案。本书一共 7 章，包括计量在导弹装备全寿命中的地位和作用、计量保证方案、误差分析与数据处理、误差合成与测量不确定度概述、测量不确定度评定、计量质量统计控制、某控制系统低频电压新型计量方案。全书注重工程实际，删繁就简，重点突出，条理清晰，实用性强，可供从事装备计量技术工作和管理工作的人员参考使用。

本书第 1 章、第 2 章和第 3 章由徐中英主笔完成；第 4 章、第 5 章和第 7 章由岳瑞华主笔完成；第 6 章由吴玉彬主笔完成。本次出版，主要由徐中英、吴玉彬、岳瑞华、李小锋完成全书的修订编写工作，吴玉彬完成了全书的校对工作。成书过程得到了导弹工程学院、测试教研室领导与同事的关心、支持和帮助，在此一并感谢。

由于我们水平有限，加之时间仓促，书中难免存在不妥之处，诚挚欢迎广大读者批评指正！

编著者

二〇二五年三月

目　　录

第1章　绪　　论

1.1　计量在导弹装备全寿命中的地位和作用

在装备全寿命周期管理体系中，计量作为贯穿始终的核心要素，以其系统性、精准性和前瞻性，成为保障装备性能、质量与可靠性的关键技术支柱。计量工作并非孤立的技术环节，而是深度嵌入装备论证、设计、制造、使用维护直至退役处置的全链条流程，通过数据驱动与技术赋能，为装备全生命周期管理构建起坚实的技术保障体系。

在装备论证阶段，计量通过科学的数据采集与分析，为装备技术指标体系的构建提供量化依据，确保装备性能需求与实际应用场景相契合；设计环节中，计量凭借精确的参数测量与分析模型，指导设计人员完成关键部件选型与系统参数优化，从源头上保障装备性能的精准实现；生产制造过程中，计量技术通过对原材料性能检测、零部件加工精度控制及成品质量检验的全流程介入，建立起严密的质量管控防线，杜绝不合格品的流转；在装备使用维护阶段，计量以持续的状态监测与性能评估，为装备健康管理提供数据支撑，确保其运行的安全性与可靠性；即便在装备退役阶段，计量依然通过残余性能评估与环保参数检测，为装备剩余价值开发和无害化处理提供科学依据。

计量的核心价值主要体现在以下维度：

第一，计量是实现装备性能指标的基石。装备的精度、可靠性、稳定性等核心性能参数的达成，均依赖于高精度的计量技术支撑。以导弹武器系统为例，为实现精准打击目标，必须借助高精密的计量仪器与先进测量技术，对导弹飞行姿态、速度、射程等关键参数进行实时监测与精确控制，确保装备性能达到设计预期，充分发挥作战效能。

第二，计量是装备质量管控的核心手段。在装备制造全流程中，计量通过对原材料成分分析、零部件尺寸检测及成品性能验证等关键环节的严格把控，构建起多层次质量监控体系。在航空航天装备制造领域，对关键零部件的尺寸精度、材料力学性能等参数的计量检测要求近乎严苛，任何细微偏差都可能引发严重质量事故。通过标准化、高精度的计量检测，可有效保障产品质量的一致性与稳定性，显著提升装备整体质量水平。

第三，计量是装备安全可靠运行的技术屏障。在装备服役过程中，定期的计量器具校准与测量设备检定是保障装备安全运行的必要前提。尤其在核电站、化工等高风险行业，精确的计量数据直接关系到生产工艺参数监测、过程控制及事故预警。一旦计量失准，极有可能引发装备故障、生产事故，甚至威胁人员生命安全与生态环境稳定。

第四，计量是推动装备技术创新的重要引擎。随着科技发展，计量技术与装备技术呈现协同创新的态势。新型计量原理、方法与技术的突破，不仅为装备性能提升与功能拓展开辟新路径，更为装备研发、试验验证提供更先进的技术手段。例如，纳米计量技术的发展，为微纳电子、生物医学等前沿装备领域的创新突破提供了关键技术支撑，加速了装备技术的迭代升级与产业化应用。

1.1.1 论证阶段

论证是导弹武器装备全寿命中的第一个阶段，其任务是提出研制装备总要求。论证阶段对导弹武器装备的计量需求应提出明确要求，使武器装备的可计量性达到较高水平，以增加计量保障的方便性，降低计量保障的成本和技术难度，对于后续的计量技术保障具有重要意义。

论证项目组由负责装备总体和各分系统的人员组成，有的项目组也吸纳负责装备保障的人员参加。论证不仅要关注装备的功能和主要技战术指标的实现，还要对装备的保障加以要求，如各级保养、维修及计量等。加强导弹装备可计量性研究，对装备可计量性提出明确要求，以期满足信息化条件下导弹装备的计量需求。

在具体提出计量保障要求时，论证项目组中负责装备保障的人为第一责任人。该人员应该对组成装备的各系统、分系统和设备比较了解，熟悉影响装备功能和性能的主要参数，熟悉装备的测试性，熟悉部队保障对装备检测和校准的需求，这样才能指导和监督承制方落实计量保障要求。

1.1.2 研制阶段

装备研制阶段充分考虑装备的检测和校准，不仅使装备研制科学合理，保证装备研制的优良性能，还可以提高装备的可保障性，节省保障时间和资源。在装备研制阶段，计量工作主要体现在以下两个方面：

（1）落实论证方提出的装备计量保障要求。

凡影响装备功能、性能的项目或参数都应进行检测或校准，以确保装备具有准确执行预定任务的能力。装备的检测应满足性能测量、状态监测和故障诊断等要求。检测和校准应符合测量溯源性要求。承制方应论证和确定装备需要检测或校准的项目和参数。对于需要校准的参数、机内测试设备及内嵌式校准设备，应编制校准方法。

承制方应对编制的《装备检测需求明细表》进行评审。评审内容应该包括：检测项目和参数是否必要、齐全；系统、分系统和设备之间技术指标是否协调、合理；检测是否能够实现；等等。评审在装备研制阶段的计量中起着监督作用，它关系到装备的测试性、对装备全寿命的计量保障，如果检测需求论证充分、落实到位，那么对以后的装备保障可以起到事半功倍的作用。因此，评审组需要严格把关，对评审后需要修正的项目还应该有验证措施。

在研制阶段，装备论证方也应该积极主动地与承制方进行沟通和协调，加强对承制方的监督，保证计量保障要求的落实。

（2）装备调试及试生产过程中用到的设备要经过计量检定、校准或测试。

1.1.3　试验阶段

试验阶段的计量工作尤为重要。计量质量的高低直接决定装备试验质量。提高并保证计量质量，确保量值的准确一致，可为装备试验提供可靠准确的第一手数据，对增强数据的可信度、减少试验中结论的分歧具有重要意义。可以说，计量是装备试验技术保障的重中之重。

装备的试验分为出厂鉴定试验和设计定型试验两种。出厂鉴定试验是通过对装备进行测试以检验装备的性能是否达到设计要求。出厂鉴定试验需进行装备性能测试和环境例行试验。凡影响装备功能、性能的项目和参数都要检测或校准。对于有量值要求的参数，如装备本身的指示仪表、机内测试设备、需外部设备测试的模拟量等，都需要进行校准。开关量不需要校准，但需要通过检测来判断其能否实现所代表的功能。检测和校准设备必须满足量值溯源性要求。环境例行试验包括高低温、振动、冲击、防盐雾等试验。可进行环境试验的机构应该经过校准或测试实验室质量体系认可，试验设备应该经过检定并在检定有效期内，试验设备由具有资质的人员操作。

设计定型试验是通过对装备进行实际操作以检测装备的技战术指标是否达到设计要求。在组织装备试验时，应当保证参试的所有设备经过计量检定、校准或者测试。

1.1.4　生产阶段

生产阶段的计量监督和保障相对要完善得多，装备的生产单位一般都通过了质量体系认证，装备生产过程中的计量监督和保障纳入了质量管理体系范畴。

在产品实现过程中，必须确定需要实施的监视和测量活动以及所需的监视和测量装置，建立以确保监视和测量活动可行并与监视和测量要求相一致的过程加以实施，测量设备应该对照能溯源到国家标准的测量标准，按照规定的时间间隔或在使用前进行校准或检定。当发现测量设备不符合要求时，对其测量结果的有效性进行评价和记录，并对该设备和受影响的产品采取相应的措施。

1.1.5 使用阶段

在野战条件下，装备使用环境严酷，性能容易下降，甚至发生故障，功能丧失。导弹装备中很多设备主要由电子仪器仪表、电子元器件、电路板等组成，受外界环境（如温度、湿度、噪声、振动、电源、电磁干扰、雷电、电磁脉冲等）的影响和破坏，很有可能出现故障，必须经常性做好计量检定工作，特别是要保证在野战应急机动条件下能对测试设备实施计量确认，使之达到规定的技术状态，满足使用要求。因此，导弹装备在使用中的计量保障是经常性工作，对于装备性能保持、遂行战训任务具有重要意义。

装备应当按照规定进行计量检定、校准，对直接影响装备效能、人身与设备安全的参数或项目，必须按照计量强制检定、校准目录实施计量强制检定、校准。

1.2 导弹装备对计量保障的需求

导弹系统的计量保障涉及内容多，从实际情况看，主要是测试设备的计量检定，具体涉及惯性仪表测试设备的检定；伺服机构（舵机及相关设备）测试仪器设备的检定；电源及配电装置测试仪器设备的检定；弹上计算机及中间装置测试设备的检定；地测发控系统测试设备的检定；火工品及保险机构测试设备的检定；直流稳压电源和交流稳压电源的检定；绝缘电阻测试仪的检定；通用电子电工测量仪器设备（如示波器、三用表）的检定；三轴转台、框式水平仪、速率突停转台、六面体组件、测试平板组件、棱镜组件、光电经纬仪、工装压板、光学合像水准仪，以及棱镜校准装置中的平板、基准块、电子水平仪、经纬仪、六面体的检定，压力表的检定；测温测湿设备的检定，如温度计、湿度计；力矩角度测量器、机械零位校准器的检定，探伤设备的检定，包括超声探测仪、磁力探伤器、窥镜检测设备、渗透检测仪等。

从检定量的类型来看，主要分为：①电压（交直流）、电流（交直流）、电阻（含绝缘电阻）等电学测量仪器的检定；②时间、频率、相位、计数等测量仪器的检定；③交直流电压电流、脉冲（含脉宽幅值和数量）等各种激励信号检定；④电源的检定，包括纹波、失真度、负载能力的检定；⑤校正网络、过渡过程等动态性能的检测；⑥水平度、角度、转速的检定；⑦力矩、机械零位校准器等的检定；⑧示波器的检定；⑨电子量的检定，主要涉及微波信号源、频谱仪、功率计、检波器等。

通过对具有代表性的导弹系统计量保障需求进行分析，可以得出以下结论。

（1）专业需求范围广。武器装备计量保障的参数涉及电磁学、时间频率、电子、几何量、力学、温度、光学、化学、声学、电离辐射十大计量专业，几乎涵盖了当代物理学的所有技术领域，专业技术范围广。

（2）部分装备尚不具备现场检定的条件。计量标准设备对工作环境要求苛刻且不易携带，不具备现场检定的条件，需送实验室检定。而导弹地面测试设备复杂、庞大，不便搬运，现行的检定方式给部队造成了大量的人力、物力、财力消耗，影响战斗力。

（3）部队用于计量检定的时间过长。

（4）只对地面测试设备技术性能进行检定，而未对其现场的使用条件、辅助设备、检定方法及操作人员技能等进行必要的考核。

（5）被检地面测试设备在两次检定之间的性能指标缺乏考核和控制；被检设备在往返途中，可能因受损而影响其技术性能。

（6）标准设备操作复杂，对人员技术素质要求高，计量人员难以掌握。

（7）专用设备的计量检定规程、规范或细则未将量值传递与功能检查区分开，造成大量功能检查项目列入计量工作范畴，增加计量的工作量，降低计量工作效率。另外，由于计量人员对装备功能的不精通也造成计量结果可信性减低。事实上，这部分功能检查完全可由装备使用人员完成。

1.3　传统计量方法及其存在的问题

装备现行量值传递的基本方式是从计量基准到各级的计量标准直至普通计量器具的逐级检定。为保证量值传递应有的准确度，通过执行相关法规，对可能影响量值准确度的环节施行了相应的控制和管理。

但是在实际运行中，存在一些问题。

（1）现行的量值传递方法是开环式的，即由国家基准逐渐传到各级的计量标准直至普通测量设备，各传递环节的检测数据得不到及时反馈。

（2）对于送检的仪器设备，检定合格后，在运输途中，会受到诸如振动、撞击、湿热等的影响，其量值会发生不同程度的变化。量值是否发生变化？变化多少？按现在的量值传递方式一般是难以察觉的。

(3) 仪器设备的检定结果反映的是该仪器设备在特定时间、特定环境，由上级检定员操作获得的测量结果。当仪器设备返回用户时，上述条件均发生变化，必然产生附加测量误差，现行的量值传递方法不能发现它，更不能定量估计它。

(4) 关于检定周期，一般由检定规程定为一年，其依据不是很充分，实际工作中可以发现，检定周期内同样的测试仪器设备，有的已经超差，有的仍然合格，至于超差的仪器设备从何时开始变差的，现行量值传递方法难以确定，即在检定周期内无法保证装备的技术性能满足规定要求。计量好的仪器设备由于安装、运输等原因已经损坏或超差，在下次计量之前，缺乏科学的办法及时感知纠正。这些超差的仪器设备，存在一段时间处于不合格状态而不被发现，必然使测量失准，给装备的生产、使用甚至安全造成危害。

(5) 大型仪器设备，常因太大、太重或者太精密而运输困难。特殊地域的仪器设备，有的无法搬出，虽然可以拆下来送检，但是破坏了整体原位检定的原则，即使拆下来的这部分仪表检定合格也不能保证整个测量系统的不确定度一定满足要求，这也是现行量值传递体制难以解决的问题。

(6) 传统计量仅仅针对仪器设备自身的技术性能和量值统一，不考核仪器设备使用现场的环境条件和使用人员。而在实际工作中，仪器设备所处电磁环境复杂，环境温湿度变化大，系统组成复杂，测量环节多、种类多、量值多，操作人员多且技术水平不一。人员的专业能力不足造成测量数据的偏差、错误或者不可信。

(7) 传统计量只利用计量数据，用户大量使用数据不予理会，计量工作独立进行，与生产使用脱节，计量效率低、品质低。

综上所述，现行逐级送检的量值传递制度不能充分保证量值的溯源性，随着装备的计量要求越来越高，迫切需要量值传递制度的改革。

1.4 计量质量保证技术途径

根据装备的计量需求，立足用户计量保障现状和计量技术的发展成果，研究满足全面性、不间断性、现场性、高效性等实用要求的新型计量技术和计量体系，形成切实可行的实用化计量方案。

现行的定期检定和视情检定是开环的、间断的，计量周期内出现问题需要到下次计量才能有效地、确定性地发现，整个计量品质是无法保证的。研究不间断的计量技术，使装备的计量特性在任何时间均可得到保证，出现问题及时发现并解决，使整个计量过程形成闭环。

美国在 20 世纪 70 年代初期提出的计量保障方案（MAP）采用了工业生产中质量管理与质量保证的基本思想、控制论和数理统计的基本理论，通过对量值传递过程中影响量传质量的环节和因素进行有效控制，及时发现测试过程中的问题。这种方法显然是闭环的，具有不间断的特点。利用 MAP 的基本思想，结合用户计量组织的现状和装备特点，选择或者研制合适的传递标准、核查标准，利用少数核心参数表征复杂装备性能，解决复杂环境下核心参数受控阈值确定问题，形成实用的不间断闭环计量方案。

计量的现场性可以使计量工作和装备的使用有效统一。MAP 的突出特点是以系统的方法评价测试设备，它不仅检定了测试设备中的主标准器，而且还考察了测试中的辅助设备、环境条件、人员素质、方式方法等因素，真正将量值传递到了测试现场。但是，复杂装备系统比较庞杂，仅仅依靠少数核心参数的受控很难评价整个装备的技术性能是否合格。开展多源数据融合研究，利用装备使用中的大量数据，结合使用人员对装备的认知，给出装备技术性能的评价结论。这种方法不仅节约了计量的人力、物力、财力，也充分调动了装备使用人员的积极性，运用了装备使用的数据，保证了计量的全面性和高效性，使计量结论更加可靠、可信。

第 2 章　计量保证方案

2.1　计量保证方案简介

2.1.1　发起与渊源

计量保证方案的英文是 Measurement Assurance Programs，简称 MAP。什么叫计量保证方案呢？美国国家标准局对计量保证方案的定义是："计量保证方案是指测量过程的质量保证方案。该方案可定量地确定测量过程相对于国家基准或其他指定标准的总的测量不确定度（包括随机误差分量和系统误差分量），并验证总的不确定度是否小到足以满足用户的要求。"

为解决传统量值传递方式存在的问题，美国国家标准局（NBS），现为美国国家标准技术研究院（NIST），率先探讨了新的量值传递方式——计量保证方案。它采用了基于现代工业生产质量管理中质量保证的基本思想、控制论和数理统计的基本理论相结合的方法，通过对量值传递过程中影响量值传递的环节和因素进行有效控制，及时发现测试过程中的问题，减小误差。

美国国家标准技术研究院（NIST）作为国际顶尖的国家计量研究机构，其计量保证研究工作与提供优质测量服务的核心任务齐头并进、协同发展。如今，计量保证方案的原理已广泛应用于所有国际单位制（SI）基本单位及众多导出单位的量值溯源工作中，并且持续推动着电子和工程测量科学领域的进步。

早在 20 世纪 50 年代末，美国国家标准局（NBS，NIST 前身）便基于统计原理开展力学测量的实验设计，并取得了阶段性成果。1967 年，计量保证方案的首篇文献以 NBS 专题论文的形式问世，该论文创新性地将质量测量的全过程视为生产流程来考量。在此之后，NBS 开始向外部推广计量保证方案（MAP）的应用方法，使其迅速拓展至各类参数的计量领域。到 1984 年，NBS 发行专刊，对 MAP 进行了全面的梳理与阐释。彼时，NBS 已在质量、直流电压、电阻、电容、电能、温度、激光功率与能量、量块等八个方面提供 MAP 服务，此外，在集成电路线宽测量、核材料控制标准、煤矿安全条例相关测量、长度量具简化 MAP 以及地区性分组 MAP 等项目中，MAP 也得到了成功应用。随着计算机技术的迅猛发展，计量保证方案迎来了更为广阔的应用前景和发展契机。

1985 年，中国计量代表团前往美国访问，对美国国家标准局（NBS，现美国国家标准技术研究院 NIST）彼时正在研究推行的计量保证方案（MAP）展开深入调研，并将相关资料带回国内，这一举动引起了原国家计量局和国防科工委相关领导的高度关注。到了 1987 年，应原国家计量局与航空航天部的邀请，NBS 的两位专家来到中国，详细介绍了 MAP 的研究进展以及推广应用的情况与经验。与此同时，国家计量情报研究所积极收集并编译了有关 MAP 的资料，大力推荐采用 MAP 进行量值的溯源和传递。由此，MAP 迅速获得了相关部门领导和科技人员更进一步的关心与重视。国家技术监督局从全局出发、着眼未来发展，果断将量值传递改革的研究列为局里的“七五”重点科技项目。与此同时，航空航天部也把 MAP 的研究纳入该部重点科技项目范畴。后续的课题研究与实验充分表明，这些决策完全正确，顺应了我国计量工作发展的必然趋势，对我国计量工作的改革与发展产生了意义深远的影响。

承担此项科研任务的责任主体是中国计量科学研究院，共有 59 家单位、130 多名人员参与到该项研究实验工作当中。课题组精心挑选了量块、电阻、电压、磁材料测量、医用核素活度、维氏硬度、射频衰减、微波功率和铂电阻温度计等 9 个试点项目开展研究，累计测得原始数据 85000 个，分析处理的数据多达几十万个。在有关部门领导以及检测人员的大力支持与共同努力下，研究工作成功达成预期目标。1990 年，国家技术监督局科技司牵头组织召开了量值传递改革方案的总课题以及各个试点项目分课题的成果鉴定会，专家们对该项研究成果给予了充分肯定。同年，航空航天部针对量块、微波功率、微波衰减和标准电阻的计量保证方案研究，通过了部级成果鉴定，并制定了相应的标准文件，开始在本部门内推广应用。

国家技术监督局为确保这项研究工作能够切实落地，将其列入“八五”重点科技项目。在“八五”期间，主要研究工作一方面是抓好前期科技成果的推广应用，另一方面是继续向广度和深度拓展，致力于将我国量值传递改革的研究推广应用推进到一个全新阶段。与此同时，还积极协助工业企业推广应用 MAP。

1993 年，国家技术监督局批准公布了 JJG1038～JJG1045 八个 MAP 计量技术规范，把 MAP 纳入正常管理的轨道，也为工业企业推广应用 MAP 提供了样板。

长期以来，计量保证方案得到了长足发展，主要体现在以下几个方面：

（1）增加新项目，使计量保证方案向更普及、更实用的方向发展；

（2）发展地区性或集团性 MAP；

（3）在不影响准确度的情况下，使 MAP 服务向“由用户自己来做”的方向发展；

（4）量值传递与核查更加与生产中的测量一致，计量与设备故障诊断、性能评估、寿命预测更加融合；

（5）数据的收集和分析更加自动化、信息化。

2.1.2 基本原理

传统的量值传递方式是将计量器具（测量设备）送到上一级检定机构（或校准实验室），用上一级的计量标准进行检定（或校准）。这种方式很难保证计量器具在两次周期检定期间可能发生的失准，甚至计量器具在运送途中发生变化也难以发现。因此，传统的量传方式是开环的。计量保证方案改变了传统的量值传递方式，同时还对测量设备实施测量过程进行控制。典型的计量保证方案原理框图如图 2.1-1 所示。

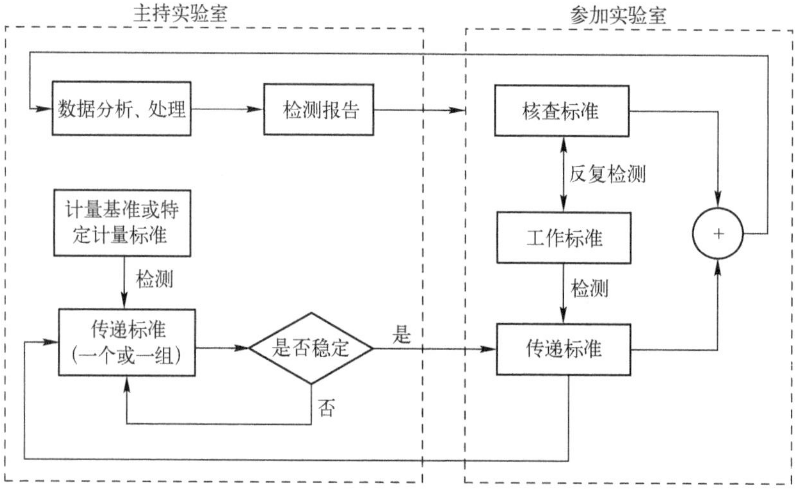

图 2.1-1 典型的 MAP 原理框图

计量保证方案把需要量传的测量设备称为工作标准，其所在部门称为参加实验室，上一级测量标准称为参考标准，上级测量部门称为主持实验室。首先，由主持实验室提供一个传递标准，经参考标准检定后送到参加实验室，然后，由参加实验室把传递标准作为一个未知的、待测的量值进行测量，并把测量结果连同传递标准一起返回主持实验室。如此做达到了工作标准向上溯源的目的。由参加实验室的工作标准测量传递标准得出的测量结果与主持实验室给定的值之间存在的差异，可以反映出参加实验室测量的全面情况，即工作标准、仪器、环境、人员等的综合情况。

由于传递标准再运送到参加实验室的往返途中可能发生特性的变化，因此，在传递标准返回主持实验室后，要再次用参考标准对传递标准进行检定，以判别传递标准在运送途中的变动性。若确认传递标准没有超常变化，则这次量值溯源有效；反之，必须找出原因，重新组织量值溯源。上述即为计量保证方案的闭环测量，这是传统的量值传递难以做到的。同时，对于大型、笨重的测量设备或不能停止工作的测量系统等，采用这种溯源方法可以避免送检的困难。

在经传递标准校准合格，并在传递标准已送走的时间间隔内，为了使参加实验室的日常记录过程一直处于连续统计控制下，该参加实验室需配备一个稳定性好的计量标准——核查标准。核查标准由主持实验室提供给参加实验室（或参加实验室自行开发，经主持实验室认可）。核查标准与测量对象类似，是实施 MAP 的关键设备。一般由参加实验室按照拟定的核查方案对核查标准进行多次重复测量，包括短期（如每日）的多次重复测量和长期的（如隔日、隔周、隔月）的重复测量，通过对积累的大量数据进行统计计算可以建立起过程参数，即初始参数，包括核查标准的总标准偏差。由于计量保证方案是用核查标准值的总标准偏差来表征被测对象的不确定度的，所以建立过程参数就为以后的测量建立起一个控制极限。

在后续工作中，参加实验室需持续使用工作标准定期对核查标准开展测量，以此检验实验室计量过程中的随机误差是否处于规定的允许区间，从而实现计量质量的自我检查与自我控制，确保对测量过程心中有数。只要核查测量结果处于控制极限范围内，便表明测量过程始终处于统计控制状态，那么使用该工作标准开展的检定工作及其他测量活动，均可认定处于受控状态，所产生的数据具备可靠性与有效性。在此状态下，即便工作标准的检定周期已到，也无需立即送检。反之，若统计检验结果显示测量过程出现失控情况，无论是否达到检定周期，都必须及时将参考标准送至主持实验室进行检定；或者申请主持实验室再次提供传递标准，开展第二次计量保证方案服务。在此过程中，需深入分析失控原因，并采取针对性措施，直至测量过程恢复统计控制状态，方可重新开展计量测试工作。否则，测量所得数据均视为无效。此外，只有依据溯源测量和定期核查测量数据所评定的不确定度，才具有真正的有效性。溯源测量与定期核查测量的结果，需完整、及时地反馈至主持实验室数据库。这些数据将作为主持实验室对各实验室工作标准（涵盖配套设备、环境条件及人员技术水平等要素）进行长期稳定性统计控制与监督的重要依据。主持实验室将据此判定测量过程是否处于受控状态，并向相关实验室签发“在控”或“失控”报告书。

综上所述，自由向上溯源、闭环测量、过程参数的统计控制以及不确定度评定，共同构成了计量保证方案（MAP）。

上述过程并不是一成不变的。在 MAP 服务中，大致可分为强调传递过程和强调核查过程（多数情况）两种模式。它们的主要区别在于传递标准在参加实验室停留时间的长短及不确定度评定程序的不同。

强调传递过程传递标准停留时间长，通常为几个月，可仅以传递过程计算不确定度；强调核查过程传递标准停留时间短，几个小时到一周，但核查过程的长期数据参加合成不确定度计算，其扩展不确定度反映受控条件下相当长的时间间隔内测量值的变动范围，因此可以代表今后检定过程的分散性。

强调传递过程的优点是对参加实验室的考核力度比较大，传递标准以“盲样”（数据对参加实验室保密）提供给参加实验室，参加实验室经过一段较长时间的重复测量，给出测量结果，由主持实验室来评定其测量水平。这种方式比较适合在强制检定的计量项目上实施。但传递标准的设计难度较大，且所评定的不确定度不能代表参加实验室的测量过程分散性，对参加实验室的测量过程而言，它只能作为 B 类不确定度使用。强调核查过程较为普遍，以其评定的扩展不确定度为代表参加实验室今后测量（检定）过程具有优势。其中也有传递标准按“盲样”处理的，但鼓励参加实验室自行处理数据。

随着 MAP 逐步走向市场经济，量值自由溯源的方式将逐步推广，MAP 的模式也将在满足溯源充分性要求的前提下不断发展和创新。

2.1.3 优越性

实施计量保证方案有以下六个方面的优越性。

1）能综合考核实验室的计量能力

传统的量值传递方式只是检定了标准器，无法了解用户实验室的测量过程。而计量保证方案则不同，它不仅考核了实验室的工作标准，而且考核了实验室操作人员水平、测量方法、条件、环境等因素的影响。因此，计量保证方案实现了对实验室计量能力的综合考核。

2）能反馈信息，保证量值的准确传递

计量保证方案检验的是实验室的测量过程，它能把送到上级计量技术部门检定的工作标准在返回途中因振动等原因造成的失准反映出来，也能把影响测量过程的诸因素所造成的误差反映出来，所有的误差（包括系统误差和随机误差）都将在计量保证方案的传递阶段和核查阶段的误差分析中定量地计算出来并报到主持实验室，实现计量检定和量值传递中的信息反馈。因此，计量保证方案实现的量值传递是闭环的、双向的、有信息反馈的，因而是有质量保证的。

3）能实现现场校准

传统的量值传递方式要求下级计量标准必须送到上级计量站检定。可是，有些标准不易搬运，或精度高易损坏、易失准，迫切需要现场检定。计量保证方案将把这一点变成现实：传递标准送上门，实现就地现场检定和溯源，避免了长途送检带来的一系列问题，核查阶段也是就地进行核查和统计检验。但是，如果参加实验室计量能力较差，或因其工作标准方面的原因引起传递阶段的超差和核查阶段的失控，一定要查找原因，否则，计量数据无效。

4）能实现对参加实验室测量过程的长期连续的质量控制

在计量保证方案中，参加实验室配有核查标准，可随时对自己的测量过程进行核查和统计检验，发现问题可随时修正，从而保证自己实验室的计量检定质量和实现对测量过程的长期连续的质量控制。

5）可以实现必要的越级传递

由于在计量保证方案中，对参加实验室没有级别限制，只有计量能力的要求，这就使得那些由于科研生产的需要而建立了强有力的计量室的用户，有可能将自己实验室的工作标准直接溯源于一级标准或国家基准，从而实现了必要的越级传递。注意，这一点在传统的量值传递方式中是不允许的。

6）可以科学地调整计量标准的送检周期

传统的计量器具检定周期都是由行政或技术法规统一制定的，尽管法规制定也是有一定科学根据的，但执行起来不一定符合各单位的实际情况，例如：有的单位某台仪器使用频繁，有的单位同样的仪器却很少使用；有的单位，计量仪器使用条件好，维护保养好，质量稳定，而有的单位记录仪器放在车间里，灰尘污染严重，或振动影响大，使用维护差，因而质量难以保证等。在不同情况下执行同样的检定周期既不科学，也不合理。

在实行计量保证方案的单位，计量标准的送检周期可以不由行政法规制定，而是由参加实验室的测量过程什么时候失控来决定。而失控与否的检验结果，是根据大量检测数据的统计分析计算得来的，是科学的、合理的。只要参加实验室测量过程一直保持受控状态，检定周期就可以延长。但是，如果统计检验结果表明测量过程失控，那么，即使检定周期未到，也一定要送检计量仪器，寻找原因，采取措施，使测量过程重新处于可靠的质量控制之下，方可开展计量业务。这样就缩短了检定周期。由此可见，施行计量保证方案后，计量标准的送检周期被科学地、实事求是地调整了。

2.1.4 与其他量值传递方式的区别和联系

1. 与循环比对的联系

循环比对是将一个标准器作为未知样品，发送到参加此项活动的各个实验室，各个实验室按先后次序，用规定的操作方法测定此未知样品。在测试一个循环后，收集实验室的测试结果，进行分析和误差处理，从而发现各实验室之间测量的系统误差的不一致性。

在没有更高标准的检定标准器时通常采用这种比对方法，以便获得最高标准间的量值一致性程度的评价。例如，没有国际基准的参数，常进行国际比对，用这种方法来统一各国的国家标准。

比对必须在同等准确度的多个标准实验室之间进行，各参加实验室之间不存在传递关系，不能确定各测量过程的总不确定度。

计量保证方案比“循环比对”更为优越，参加实验室的“参考标准”经传递标准校准后，可使测量结果溯源于高一级标准。而且，参加计量保证方案活动的实验室在经过传递标准校准后的较长时间间隔内，要采用一个核查标准对自己实验室的计量测试过程定期进行统计检验，保证测量过程处于连续受控状态。这一点是循环比对不具备的。

由此可见，实施计量保证方案必须包括“传递”和“核查”两个阶段，而且核查是更重要的阶段。如果不了解这一点，只注重实施第一阶段——“传递标准”在参加实验室之间的传递工作，而不注意自己实验室的核查工作，那就不是在实施计量保证方案。

2. 与传统的计量检定的关系

由于研制合适的“传递标准”和“核查标准”对一些计量参数来说是容易的，而对另一些计量参数来说是难度大、投资高，甚至是办不到的。因此，尽管计量保证方案有许多优越性，也不能完全代替传统的量值传递方式——逐级送检。即不可能取消传统的量值传递方式全都实施计量保证方案。

但是，有一点可以说明：凡是采用计量保证方案并获得成功的计量参数，则可以肯定地说，此参数的计量标准可不必再按传统的量值传递方式的要求定期逐级送检了。换句话说，对于实施计量保证方案成功的计量参数，计量保证方案可以完全代替传统的量值传递方式。

2.2　传递标准与核查标准

传递标准和核查标准是 MAP 的关键技术之一，缺少它们，MAP 便无从说起。

2.2.1　传递标准

经过主持实验室检定的，用来传递被测量量值的特制标准或一般标准，称为传递标准。

传递标准是参考标准与工作标准间建立联系的工具，在此意义上，传递标准有三种形式。

1）一种标准物质

在化学方面采用标准物质是众所周知的，但是不限于此，例如，硬度计量也是采用标准物质的。

2）一种特制的标准仪器或量具

这是使用最多的形式，它可用于传递被测量的量值。传递标准相对于其物理量来讲是稳定的，当它们从一个地方运输到另一个地方时，其量值应几乎不会改变。为此，需要特殊包装，根据标准的性能及它在运输中容易出现的问题，提出具体的设计要求，并反复做实验，以便确定运输过程会给传递标准的合成标准不确定度带来多大的影响。对这种影响要做出定量计算，以便在参加实验室在进行检测时给予适当修正。

3）工作标准兼作传递标准

当工作标准受运输过程的影响很小时，可以用工作标准兼作传递标准，这时工作标准需要在主持实验室进行较长时间的测量（检定）。

传递标准的准确度水平一般要比参加实验室的工作标准高三倍以上，而与主持实验室的参考标准同一等级。对稳定性要求比较高，因为稳定性不好，将不能完成传递量值的使命。

经深入的理论研究和大量的实践，人们认为对传递标准的要求应着重于稳定，而对准确度水平的要求可根据参加实验室对测量合成扩展不确定度的要求，依具体情况适当放宽，即不受不确定度小于工作标准 1/3 的限制。理由是，在传统的逐级量传方式中，因为要忽略标准器的不确定度，所以根据微小误差原则，要求标准器的不确定度相比被检对象的不确定度应足够小。但是，在 MAP 中，各级标准器，包括传递标准的标准不确定度，均已作为分量参加合成标准不确定度计算。因此，测量过程中的扩展不确定度满足使用要求时，传递标准只要求足够稳定，准确度等级并不重要。

至于传递标准自身的偏差（系统误差），实际上已经在闭环传递中得到修正。

总之，对传递标准的要求，重在物理量值的稳定性，不因运输而发生变化。有时，为了保持量值的稳定性而把传递标准装在有一定环境控制的容器内运送。有时也采用多个标准，采用多次检定的方法来解决传递标准可能出现的量值不稳定问题。另外，传递标准还应该便携。因为传递标准要从一个地方运送到另一个地方，经常传递和往返使用，笨重不便携带是不行的。在传递标准的运输安全得不到保障的情况下，只能靠人携带，这一要求就尤为重要。在符合稳定和便携两个方面要求的情况下，传递标准的精度等级、测量范围等要根据本单位的科研生产的需要和实验室的测量能力和条件来选择和确定，既不盲目求高，也不能降低要求。

传递标准除了完成传递量值的任务外，也可租借给参加实验室，在规定的条件下，按预先拟定的方案（或测量模型）与参加实验室的工作标准进行比较测量，以得出其与主持实验室测量结果的偏差值，此偏差值即为参加实验室测量过程的系统误差。

2.2.2 核查标准

在实施计量保证方案中，无论是主持实验室还是参加实验室都应具备的，用来检查实验室测量过程是否处于连续的质量控制之中的，具有较好稳定性的计量标准器，称为核查标准。核查标准提供了一种表征测量过程状态的手段。它通过在一个相当长的时间间隔内，在变化的环境条件下，对同一特制标准或对同一组特制标准或同一台仪器进行重复测量而达到表征测量过程的目的。

核查标准的开发可以是专门研制一个特制标准器，也可以选用现成的市售计量标准器或计量器具。可以与参加实验室的工作标准同等级，甚至直接采用被检计量器具作为核查标准。特制或选定核查标准的要点是：①像被测对象；②稳定。换句话说，就是核查标准的物理模型要与被检对象相一致（变化规律相同），规格、量程、带宽等要等于或覆盖被检对象（或被控制的测量点），量值要稳定，性能要可靠。

需要特别强调的是核查标准的稳定性。MAP 的一个重要特点就是用核查标准测量过程的不确定度代表今后检定过程的不确定度。核查标准的稳定性应足以检测出工作标准的长期和短期变动性。如果核查标准的稳定性比被它核查的工作标准的稳定性差，就不能把它用作核查标准。因为在这种情况下，核查测量过程的随机误差的变动很难判断是由核查的工作标准的不稳定性造成的，还是由核查标准本身的不稳定性引起的，进而也就无法判定测量过程是在控还是失控，起不到核查的作用，达不到对测量过程的质量进行监控进和保证的目的。

核查的方法是：①按事先拟定好的核查方案，对核查标准多次反复测量。核查方案设计时应尽量使影响测量过程的各种随机误差都有机会表现出来（如：通过在四个季节的测量，反映温度的影响等）。②通过对各次核查数据的统计分析及计算，建立起该实验室的质量控制数据库或控制曲线，以表征测量过程的质量情况——系统误差引起的测量平均值的变化及随机误差引起的标准偏差值的变化，并通过对这些数据的处理和统计检验，来检查测量过程是否在允许的误差范围之内（在控或失控），从而达到对实验室测量过程的质量进行连续监控的目的。

在核查过程中感兴趣的是测量结果，而不是标准本身。在特定条件下，可以不存在实物性质的核查标准，而由参加实验室一个或多个工作标准与一个或多个被检对象的比较测量值，按适当的函数关系导出一个相对稳定的核查标准值。这个核查标准值同样反映了测量过程的状态。因此，核查标准与其说是一个特制的标准器，不如说它是一个“数据库”。按照核查方案对核查标准和工作标准多次测量的结果，构成核查标准的数据库，这个数据库是比核查标准本身更宝贵的核查标准。

产生核查标准值常用下列几种方法：

（1）使用单个核查标准的直读值（这时核查测量的时间要靠近检定被检对象的时间）；

（2）多个核查标准的平均值（核查标准与被检对象的准确度等级相同）；

（3）两个工作标准对同一被测量的示值误差（不需特制的核查标准）；

（4）一个工作标准与一个核查标准的差值；

（5）一个工作标准、一个核查标准、一个被检对象多次比较值的函数；

（6）两个工作标准与一个被检对象多次比较值的函数；

（7）三个被测对象与两个工作标准组合比较值的函数；

（8）一组工作标准与一组被检对象（内含一个核查标准）组合比较值的函数；

（9）多个被检对象与多个工作标准，用比较仪进行测量，使用两个工作标准的差值；

（10）一套工作标准与一套被检对象，用比较仪继续进行大量比较检定，考虑每个测试系列有一个核查标准，产生多个核查值。

核查标准值是一个数据库，或者说是一个函数值，这个函数可能简单，也可能复杂，但万变不离其宗，关键在于找出能反映测量过程状态的函数值。随着时间的推移和测量条件的变化，这个函数值恰恰反映了测量过程的变化。

当工作标准有几种量限时，则每一量限都要有监测的核查标准，不同量限的核查数据库可看作分别独立的核查标准。

在开始试行一项新的计量保证方案时，可先在几个重要的量值点上用核查标准来进行核查，取得经验后再逐步增加。

2.3 主持实验室与参加实验室

在计量保证方案中，把需要量传的测量设备称为工作标准，其所在部门称为参加实验室，上一级测量标准称为参考标准，上级测量部门称为主持实验室。

主持实验室也叫中心实验室，本书采用主持实验室的叫法。为行文方便，有时将主持实验室称为主持单位，将参加实验室称为参加单位。

主持实验室和参加实验室有各自的职责。

2.3.1 主持实验室

1. 研究和设计测量模型

通过对被测量的物理和数学模型的研究，确定测量系统、传递方式和考核方法。拟制测量规程，此规程对传递标准、核查标准、工作标准、仪器、环境条件、测量程序等做出规定，该规程还应该规定各种计算方法和记录表格的设计。

测量模型必须能反映所涉及的系统误差（测量系统的函数）和随机误差（许多未知因素的函数），由此找出误差分析的模式，为实施计量保证方案进行误差分析和数据处理做准备。

2. 对申请参加计量保证方案活动的实验室进行调研和咨询服务

在着手进行一项计量保证方案之前，必须去参加实验室进行调研，了解其设备、人员、环境条件、方法等情况，检查参加实验室的测量条件与设计的计量保证方案的测量模型是否一致。对于其存在的问题，提出建议、咨询或服务。属于测量模型设计不合理的问题，应该修改模型使其符合实际情况。对参加实验室的核查方案及采用的核查标准进行审批。在符合要求的情况下，予以办理参加计量保证方案的手续。

3. 配备传递标准和核查标准

主持实验室配备传递标准，用来向参加实验室传递量值。配备核查标准，用来定期核查主持实验室测量过程的连续可控性。

传递标准与核查标准的配备，应在保证质量的前提下，尽量利用实验室已有的标准，以减少不必要的开支。

4. 传递标准的检定与自身核查数据库的建立

在向下开展计量保证方案之前，主持实验室要用自己的核查标准建立核查数据库，对自己实验室测量过程的随机误差进行连续的统计检验，合格方能向下传递，不合格则要查明原因，采取措施，直到恢复控制，才能向下传递。

在核查结果表明测量过程在控的条件下，检定传递标准，数据留存，再将传递标准运送至参加实验室。

5. 返回检定与给出测试报告

当传递标准经参加实验室检定返回后，主持实验室应对传递标准进行返回检定，并对自己两次检定的结果进行数据处理，处理结果表明传递标准未发生异常，则本次传递有效；然后，再与参加实验室的测量结果进行比较，出具测试报告，给出参加实验室与主持实验室测量结果的偏差值和总的不确定度。如果传递标准异常，则本次传递无效，重新组织量值传递。

6. 人员培训和技术咨询服务

在实施计量保证方案中，主持实验室应负责对参加实验室人员的技术培训，制定统一的操作规程和误差处理方法，提供有关资料，进行关于计量保证方案的原理、测量方法及统计分析等方面的课程讲授，对于参加实验室提出的技术问题，提供咨询服务。

7. 数据处理、统计分析和统计检验

在实施计量保证方案中，参加实验室的数据处理和统计分析、检验应尽量由参加实验室自己进行，尤其在核查阶段更应如此。如果参加实验室无力处理数据和进行统计分析检验，可请主持实验室协助完成。

主持实验室应保存好参加实验室的传递数据，对参加实验室的测量过程的质量进行监督管理。主持实验室有权对参加实验室进行不定期的抽检，发现测量过程失控时，可令其停止量值传递，并采取措施。如有要求，可提供咨询服务。

2.3.2　参加实验室

1. 申请

在完全自愿的原则下参加实验室，向主持实验室提出参加计量保证方案的申请。申请时需报告本实验室状况：工作标准（参考标准）、实验室条件、人员情况、日常测试工作内容、拟采用的核查标准及核查方案等。经主持实验室批准后，办理手续，列为参加某量值的计量保证方案活动的实验室。

2. 学习

学习计量保证方案的原理、方法、步骤、数据的采集、处理和统计分析等知识，以做好实施计量保证方案的思想准备、理论准备和技术能力上的准备。

3. 配备核查标准及做好物质上的准备

作为参加实验室，必须具备核查标准。这个核查标准可以从已有的标准中选配，也可以自己研制或购置。总之，要根据实际情况和需要决定。核查标准与传递标准一样，不要求有很高的正确度，但要求有很好的稳定性和重复性。它们的区别在于传递标准必须便于运输，其值不能受运输环境条件的影响而发生变化，而核查标准不必运输，只需在参加实验室的条件下保持性能稳定。核查标准的类型必须和实验室正常工作时所测样品的性能类似。对于某些量来说（如基本单位），其核查标准在结构上和量值上都应与工作标准一致。

开展计量保证方案的物质准备，还应包括计算机、数据采集设备、其他配套测量设备和环境条件的改善等。

4. 建立初始核查数据库

开始实施计量保证方案时，在传递标准到达以前，应定期多次重复测量核查标准，将可能有影响的随机因素都包括进去，建立起本实验室的核查数据库，并进行测量过程的误差分析和统计检验。做到传递标准未到，却已心中有数。这个核查数据库称为初始核查数据库。

5. 测量传递标准，并反馈数据

当主持实验室的传递标准到达之后，按预先拟定的测量模型和程序，将传递标准与本实验室的工作标准、核查标准一起进行比较测量，并与初始核查数据比较，然后，将对传递标准测量的数据反馈给主持实验室。

6. 经常性核查，建立核查数据库

自上述传递标准检定后送走至下一次传递标准再来，它们之间的时间间隔有时很长，在这期间，实验室的工作标准不向上级送检，怎样才能知道测量过程的质量并能进行控制呢？这是实施计量保证方案的核心问题。针对这一问题科学、有效的解决办法，就是进行经常性核查，即按一定的测量模型和程序，定期测量核查标准，建立核查数据库，并经常用这些测得的数据进行统计检验（t 检验和 F 检验）。只要统计检验证明是合格的，则表明测量过程是处于合格的质量控制之中，所测得的数据是有效的。

如果统计检验表明测量过程失控，则所测得数据无效。应中断计量测试工作，查找原因，采取措施，或申请主持实验室进行再次传递服务和重新核查，直到恢复统计控制才能开展量值传递业务。

7. 数据库的维护

在实施计量保证方案过程中，测量记录要严格、准确，并与实验室的其他记录分开保存。记录中应包括有关测量的全部资料，如所用的标准仪器的型号、编号、操作人员的姓名、测量的时间、测量数据、比较方法、环境条件(温度、湿度、压力、振动等)、标准偏差记录、检验结果等。

8. 人员素质

从事计量保证方案的人员素质要高，一般应从那些对传统的量值传递方式有丰富经验、对实验室的情况比较熟悉、对计量保证方案理解掌握较好、热心于这项计量保证方案服务的计量检定人员中选任。为保证数据采集和统计分析的连续性，负责从事计量保证方案实施的人员应相对稳定，不宜多变。如果在特殊情况下一定要调换人员，也应事先培训，使接替的人为承担这项任务做好充分的准备。

第 3 章 误差分析与数据处理

3.1 误差的基本知识

3.1.1 基本概念

1. 量

量是表征自然界运动规律的基本概念，如大小、高低等。量所表述的对象是现象、物体或物质，是不以人的主观意识而客观存在的。一切自然现象、物体或物质，只有用相应的量来表述，才能发现其运动规律。可以被测量的量，称为可测的量。它可由数值和测量单位的组合表示。

2. 被测量

测量对象的特定量。可以是待测量，也可以是已测量。被测量的定义应依据所需准确度的要求，并考虑有关影响量。否则，由于定义的不完善会带来测量不确定度。

例如，定义的被测量是一根标称值为 1m 的钢棒长度，如果要求测准至微米量级，则这样的定义就不够完整。因为这种情况下，不能忽略温度和压力对被测钢棒的影响，而这些条件却没有在定义中说明。由于定义不完善，使测量结果引入了温度和压力带来的不确定度。因此，完整的定义应为：一根标称值为 1m 的钢棒在 25℃、101325Pa 时的长度。

3. 影响量

不是被测量但却影响被测量量值或计量器具示值的量。例如：测量长度时的环境温度；测量交流电压时的频率等。

4. 量值

量的表示形式。一般由一个数乘以测量单位表示的特定量的大小。例如，6m、28V、5A、60s、50Hz 等。

5. 真值

真值即真实值，是指在一定空间和时间条件下，被测量客观存在的真实值。真值通常是不可测量的未知量，真值一般是指理论真值、约定真值和相对真值。

理论真值：也称绝对真值，是严格理论意义下的真值。如平面三角形内角之和恒为 180°。

约定真值：也称规定真值，是国际上公认的某些基准量值或者被测量的最佳估计值。如 1m 是光在真空中 1/299792458s 时间间隔内所经路径的长度。这个米基准就作为计量长度的约定真值。在实际测量中，常用被测量的计量标准所复现的量值、多次测量后的最佳估计值（如已修正的算术平均值）等来确定约定真值。

相对真值：是指计量器具按精度不同分为若干等级，上一等级的指示值即为下一等级的真值，称为相对真值。

6. 测量

以确定被测量量值为目的的全部操作。

7. 测量结果

由测量所得到的赋予被测量的值。测量结果仅仅是被测量的最佳估计值，并非真值，完整表述测量结果时，必须附带其测量不确定度。必要时，应说明测量所处的条件，或影响量的取值范围。

测量结果时由测量所得到的值，必要时，应表明它是示值、未修正测量结果或是已修正测量结果，还应表明是否已对若干个值进行了平均，即它是由单次测量所得，还是由多次测量所得。若是单次测量，则测得值就是测量结果；若是对同一量的多次测量，则测得值的算术平均值才是测量结果。

8. 测量重复性

在实际相同测量条件下对同一被测量进行连续多次测量时，测量结果之间的一致性。相同测量条件是指：同一测量程序，同一计量器具，同一观测者，同一地点，同一使用条件，在短时间内进行重复测量。测量重复性表征的是所有影响测量结果的因素不能完全保持恒定的现象，可以用测量结果的分散性来定量表示。

9. 测量复现性

在不同测量条件下对同一被测量进行测量时，各次测量结果的一致性。这里的各次测量结果都应对已确定的系统误差进行修正。不同测量条件是指：不同测量原理和方法，不同计量器具，不同观测者，不同地点，不同使用条件，不同时间。这些条件可以改变一项、多项或全部，它们会影响复现性的数值。因此，在复现性的表述中，应说明变化的条件。测量复现性可以用测量结果的分散性来定量表示。

10. 误差

测量误差为测量结果减去被测量的真值，即

$$\Delta x = x - x_0 \tag{3.1-1}$$

式中：Δx 为测量误差（又称真误差）；x 为测量结果（由测量得到的测量值，也称为测得值）；x_0 为被测量的真值。

11. 残余误差

残余误差为测量结果减去被测量的最佳估计值，即

$$v = x - \bar{x} \tag{3.1-2}$$

式中：v 为残余误差（简称残差）；$\bar{x}$为真值的最佳估计（即约定真值）。

12. 表征测量结果质量的几个术语

为学习方便，在此先介绍几个表征测量结果质量的术语。

正确度：表示测量结果中系统误差大小的程度，即由于系统误差而使测量值与真值偏离的程度。系统误差越小，测量结果越正确。

精密度：也称为精度，表示测量结果中随机误差大小的程度，即在相同条件下，多次重复测量所得测量值彼此之间一致的程度。随机误差越小，测量结果越精密。

准确度：表示测量结果中系统误差与随机误差综合大小的程度，综合误差越小，测量结果越准确。

不确定度：表示合理赋予测量值的分散性，与测量结果相关联的参数。不确定度越小，测量结果越可信。

3.1.2 误差的表示方法

常用的误差表示方法有绝对误差、相对误差、引用误差。

1）绝对误差

式（3.1-1）表示的就是绝对误差，绝对误差就是测量值减去真值。真值是一个理想概念，一般是无法得到确切值的。在实际测量中，常用被测量的约定真值来代替真值。

2）相对误差

相对误差为绝对误差与被测量的真值之比。因测量值与真值接近，故也可近似用绝对误差与测量值之比作为相对误差，相对误差通常用百分数表示，即

$$r=\frac{\Delta x}{x_0}\times 100\% \approx \frac{\Delta x}{x}\times 100\% \tag{3.1-3}$$

对于相同的被测量，绝对误差可以评定其测量精度的高低，但对于不同的被测量以及不同的物理量，绝对误差就难以评定其测量精度的高低，而采用相对误差来评定较为确切。

3）引用误差

引用误差为测量仪器的绝对误差除以仪器的满度值。

$$r_m=\frac{\Delta x}{x_m}\times 100\% \tag{3.1-4}$$

式中：r_m 为测量仪器的引用误差；Δx 为测量仪器的绝对误差，一般是指测量仪器某一点的示值绝对误差；x_m 为测量仪器的满度值，一般又称为引用值，通常是测量仪器的量程。

引用误差实质是一种简化和实用方便的仪器示值的相对误差，可用于评价某些仪器的准确度高低。国际规定电测仪表的精度等级指数 a 有 0.1、0.2、0.5、1.0、1.5、2.5、5.0 共 7 级，最大引用误差不超过仪器等级指数 a 的百分数，即 $r_m \leqslant a\%$。

3.1.3　误差的来源

在测量过程中，误差产生的原因可归纳为以下几个方面。

1）测量装置误差

（1）标准器具误差。

以固定形式复现标准量值的器具，如标准量块、标准电池、标准电阻、标准砝码等，它们本身表示的量值，不可避免地含有误差。

（2）仪器误差。

凡用来直接或者间接将被测量和已知量进行比较的器具设备，称为仪器或仪表，如机械天平等比较仪器，压力表、温度计、电压表等指示仪表，它们本身具有误差。

（3）附件误差

仪器的附件及附属工具带来的测量误差。

2）环境误差

由于各种环境因素与规定的标准状态不一致而引起的测量装置和被测量本身的变化所造成的误差，如温度、湿度、气压、气流、振动、电磁场、辐射、照明（引起视差）、重力等引起的误差。通常仪器仪表在规定的正常工作条件下所具有的误差称为基本误差，而超出此条件时所带来的误差称为附加误差。

3）方法误差

由于测量方法不完善而引起的误差，如采用近似的测量方法而造成的误差。例如，采用钢卷尺测量大轴的圆周长，再通过计算求出大轴的直径，因圆周率 π 的近似取值，将会引起误差。

4）人员误差

由于测量值受分辨能力的限制，因工作疲劳引起的视觉的生理变化，固有习惯引起的读数误差，以及精神上的一时疏忽等引起的误差。

3.1.4 误差的分类

按误差来源：如3.1.3节所述，可以分为测量装置误差、环境误差、方法误差、人员误差。

按对误差的掌握程度：可以分为已知误差、未知误差。

按误差的变化情况：可以分为静态误差、动态误差。

按误差的特性规律：可以分为随机误差、系统误差、粗大误差。

为了便于对测量误差进行分析和处理，特别关注按误差特性规律进行分类，即分为随机误差、系统误差、粗大误差。

1）随机误差

在相同的测量条件下，多次测量同一量时，误差的绝对值与符号以不可预定的方式变化。也就是说，产生误差的原因及误差的数值大小、正负是随机的，没有确定的规律性，或者说带有偶然性，这样的误差称为随机误差。随机误差就个体而言，从单次测量结果来看，是没有规律的，但就其总体而言，服从一定的统计规律。

在很多情况下，随机误差是由对测量值影响微小且相互独立的多种因素影响产生的综合结果，也就是说，随机误差是由多种因素造成的许多微小误差的综合。根据随机变量的中心极限定理，可知随机误差的概率分布大多接近于正态分布。随机误差一般具有以下特征。

（1）对称性。绝对值相等的正误差与负误差出现的规律相等。

（2）单峰性。绝对值小的误差比绝对值大的误差出现的概率大。

（3）有界性。随机误差一般都分布在 $[-3\sigma, +3\sigma]$ 区间内，若测量中数据误差超出此范围，那么此数据可认为是异常数据，可将此数据舍去。

（4）抵偿性。相同条件下同一样本的多次测量值，各误差的代数和随着测量次数 n 的无限增加而趋近于0。

2）系统误差

在相同的测量条件下，多次测量同一量时，误差不变或者按一定规律变化，这样的误差称为系统误差。系统误差是具有确定性规律的误差，可以用非统计的函数来描述。

系统误差又可按以下方法分类。

按对误差掌握的程度可分为已定系统误差和未定系统误差。已定系统误差是指误差的变化规律为已知的系统误差；未定系统误差是指误差的变化规律未确定的系统误差，函数公式还不能确定，但一般情况下可估计出这种误差的最大范围。

按误差的变化规律可分为定值系统误差、线性系统误差、周期系统误差和复杂规律系统误差。定值系统误差是指误差的绝对值和符号都保持不变的系统误差；线性系统误差是指误差按线性规律变化的系统误差，误差可表示为一线性函数；周期系统误差是指误差按周期规律变化的系统误差，误差可用三角函数表示；复杂规律系统误差是指误差按非线性、非周期的复杂规律变化的系统误差，误差可用非线性函数表示。

系统误差一般具有以下特征。

（1）确定性。系统误差是固定不变的，或是一个确定性的，即非随机性质的时间函数，它的出现符合确定的函数规律。

（2）重现性。在测量条件完全相同时，经过重复测量，系统误差可重复出现。

（3）可修正性。由于系统误差具有重现性，就决定了它可以被修正。

3）粗大误差

粗大误差也称为粗差、疏失误差，是指在一定的测量条件下，测得的值明显偏离其真值，既不具有确定性规律，也不具有随机性规律的误差。粗大误差是由于客观外界条件的突然变化，如机械冲击、外界振动等，使仪器示值或被测对象的状态发生突变，或者由于测试人员对仪器不了解、精神不集中、粗心大意导致仪器操作错误、读数错误或计算错误等，使测量结果明显偏离了真值造成的。

粗大误差就数值而言，通常明显地超过正常条件下的系统误差和随机误差，相应的测量值称为坏值或异常值。正常的测量结果中不应含有坏值。

4）各类误差之间的关系

测量误差的区分不是绝对的，随着考察条件的变化，误差的性质也会发生变化。例如，环境温度对测量结果的影响不能一概归为系统误差或随机误差。

当环境温度相对于标准温度有一固定偏差时，则会引起的误差是恒定的系统误差；当温度逐渐升高，引起仪器示值漂移，造成变化的系统误差；当温度随机波动时，则会引起测量结果的随机变化，造成随机误差。

任何一个测量结果总是包含随机误差和系统误差，个别数据还包含粗大误差。但在一个具体的测量结果中，它们综合反映在一个具体的数据中，无法在数量上做出区分。只有在多次测量的系列数据中，不同性质的误差才能显露出来。例如，对于电源输出电压的测量，只进行一次测量，其测量结果并不能充分说明电源质量的好坏，更无法区分出电源输出电压测量结果中的系统误差、随机误差和粗大误差。只有通过多次测量，才能区分出系统误差、随机误差和粗大误差，也才能确切地反映电源的输出电压质量。

3.1.5 研究误差的意义

误差具有存在的必然性和普遍性，随着科学技术的发展和人们认识水平的不断提高，虽然可将误差控制得越来越小，但终究不能完全消除它。为了充分认识并减小或抑制误差，必须对测量过程中始终存在的误差进行研究。

（1）分析误差产生的原因，搞清产生误差的因素，正确认识误差的性质，找到合适的减小误差的技术措施。

（2）正确处理测量和实验数据，合理计算所得结果，以便在一定条件下得到更接近于真值的数据。

（3）正确组织测量和实验过程，合理选用（或设计）仪器和测量方法，以便在规定条件下得到理想的结果。

（4）对测量误差进行分析和估算，科学地评定测量结果的不确定度。

（5）正确表达测量结果，提高测量结果的有效性、可比性、科学性。

3.2 随机误差的处理

3.2.1 随机误差的产生原因

当对同一量值进行多次等精度的重复测量时，得到一系列不同的测量值（常称为测量列），每个测量值都含有误差，这些误差的出现又没有确定的规律，即前一个误差出现后，不能预测下一个误差的大小和方向，但就误差的总体而言，具有统计规律性。

随机误差是由很多暂时未能掌握或不便掌握的、对测量值影响微小且又互不相关的因素所引起的综合结果，主要有以下几个方面：

（1）测量装置方面的因素。零部件配合的不稳定性、零部件的变形、零件表面油膜不均匀、摩擦，干扰与噪声等。

（2）环境方面的因素。温度的微小波动、湿度和气压的微量变化、光照强度变化、灰尘以及电磁场变化等。

（3）人员方面的因素。精神状态、工作态度、技术水平、读数的不稳定等。

3.2.2　随机误差的分布

随着误差理论研究与应用的深入发展，发现不少随机误差分布规律。其中，正态分布是最普遍的。除了正态分布，还有均匀分布、反正弦分布、三角分布、χ^2 分布、t 分布、F 分布等。

1）正态分布

设被测量的真值为 L_0，测量列为 l_i，则测量列中的随机误差 δ_i 为

$$\delta_i = l_i - L_0 \tag{3.2-1}$$

式中：$i=1,2,\cdots,n$。

正态分布的分布密度 $f(\delta)$ 与分布函数 $F(\delta)$ 为

$$f(\delta) = \frac{1}{\sqrt{2\pi}\sigma}\mathrm{e}^{-\delta^2/(2\sigma^2)} \tag{3.2-2}$$

$$F(\delta) = \frac{1}{\sqrt{2\pi}\sigma}\int_{-\infty}^{\delta}\mathrm{e}^{-\delta^2/(2\delta^2)}\,\mathrm{d}\delta \tag{3.2-3}$$

式中：σ 为标准差（或均方根差）；e 为自然对数的底，其值为 2.7182…。

数学期望为

$$E = \int_{-\infty}^{\infty}\delta f(\delta)\,\mathrm{d}\delta = 0 \tag{3.2-4}$$

方差为

$$\sigma^2 = \int_{-\infty}^{\infty}\delta^2 f(\delta)\,\mathrm{d}\delta \tag{3.2-5}$$

特别地，方差 $\sigma^2=1$ 时为标准正态分布，记为 $N(0,1)$。

平均误差为

$$\theta = \int_{-\infty}^{\infty}|\delta| f(\delta)\,\mathrm{d}\delta = 0.7979\sigma \approx \frac{4}{5}\sigma \tag{3.2-6}$$

此外由 $\int_{-\rho}^{\rho} f(\delta)\,\mathrm{d}\delta = \frac{1}{2}$ 可解得或然误差为

$$\rho = 0.6745\sigma \approx \frac{2}{3}\sigma \tag{3.2-7}$$

图 3.2-1 为正态分布密度曲线以及各精度参数在图中的坐标。σ 值为曲线上拐点 A 的横坐标，θ 值为曲线右半部面积重心 B 的横坐标，ρ 值的纵坐标线则平分曲线右半部面积。

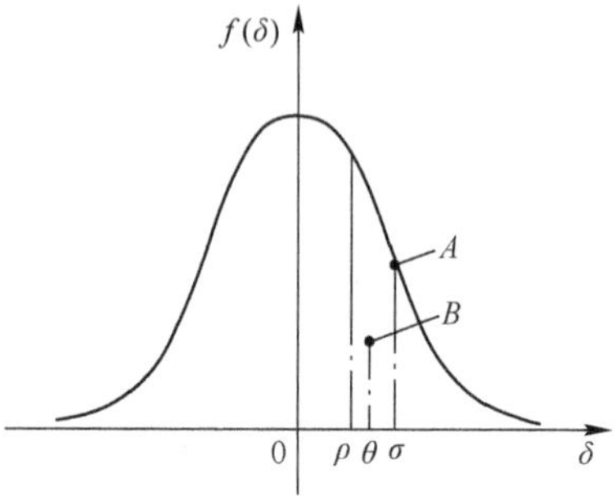

图 3.2-1　正态分布密度曲线

若测量列中不包含系统误差和粗大误差，则测量列中的随机误差一般具有以下几个特征：

① 绝对值相等的正误差与负误差出现的次数相等，称为误差的对称性。

② 绝对值小的误差比绝对值大的误差出现的次数多，称为误差的单峰性。

③ 在一定的测量条件下，随机误差的绝对值不会超过一定界限，称为误差的有界性。

④ 随着测量次数的增加，随机误差的算术平均值趋向于零，称为误差的抵偿性。

最后一个特征可由第一特征推导出来，因为绝对值相等的正误差和负误差之和互相抵消。对于有限次测量，随机误差的算术平均值是一个有限小的量，而当次数无限增大时，它趋向于零。

服从正态分布的随机误差均具有以上四个特征。由于多数随机误差服从正态分布，因此正态分布在误差理论中占有重要的地位。

2）均匀分布

在测量实践中，均匀分布时经常遇到的一种分布，其主要特点是，误差有一确定的范围，在此范围内，误差出现的概率各处相等，故又称为矩形分布或等概率分布。例如，仪器读盘刻度不准所引起的误差，仪器转动机构的空程误差，大地测量中基线尺受滑轮摩擦力影响的长度误差，数字式仪器在±1 单位以内不能分辨的误差，数据计算中的舍入误差等，都属于均匀分布误差。

均匀分布的分布密度 $f(\delta)$（图 3.2-2）和分布函数 $F(\delta)$ 分别为

$$f(\delta)=\begin{cases}\dfrac{1}{2a}, & |\delta|\leqslant a\\ 0, & |\delta|>a\end{cases} \tag{3.2-8}$$

$$F(\delta)=\begin{cases}0, & \delta\leqslant -a\\ \dfrac{\delta+a}{2a}, & -a<\delta\leqslant a\\ 1, & \delta>a\end{cases} \tag{3.2-9}$$

数学期望为

$$E=\int_{-a}^{a}\frac{\delta}{2a}\mathrm{d}\delta=0 \tag{3.2-10}$$

方差和标准差分别为

$$\sigma^2=\frac{a^2}{3} \tag{3.2-11}$$

$$\sigma=\frac{a}{\sqrt{3}} \tag{3.2-12}$$

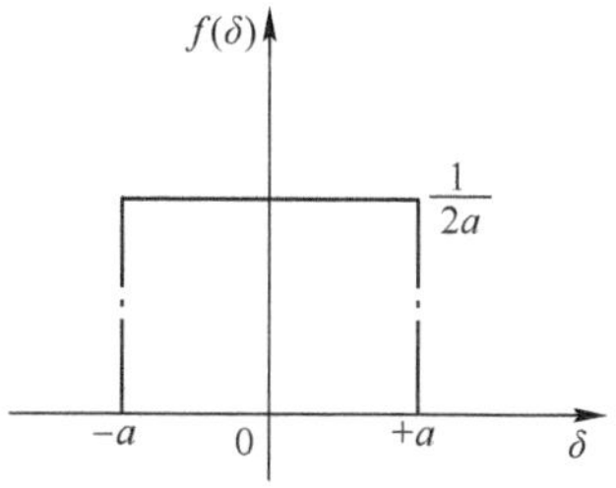

图 3.2-2　均匀分布密度曲线

3）反正弦分布

反正弦分布实际上是一种随机误差的函数的分布规律，其特点是该随机误差与某一角度成正弦关系。例如，仪表读盘偏心引起的角度测量误差，电子测量中谐振的振幅误差等，均为反正弦分布。

反正弦分布的分布密度 $f(\delta)$（图 3.2-3）和分布函数 $F(\delta)$ 分别为

$$f(\delta)=\begin{cases}\dfrac{1}{\pi}\cdot\dfrac{1}{\sqrt{a^2-\delta^2}}, & |\delta|\leqslant a\\ 0, & |\delta|>a\end{cases} \tag{3.2-13}$$

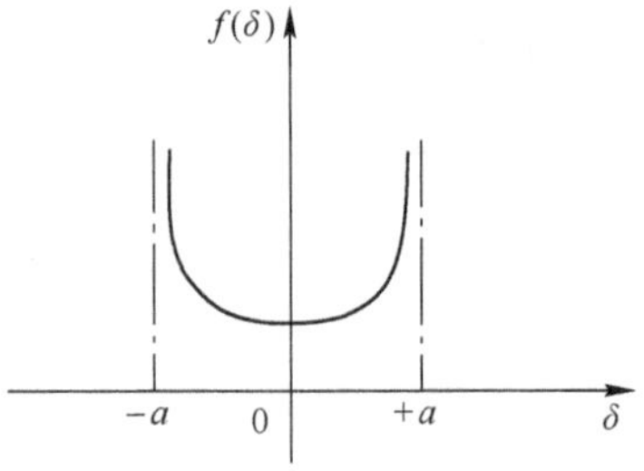

图 3.2-3　反正弦分布密度曲线

$$F(\delta)=\begin{cases}0, & \delta\leqslant -a\\ \dfrac{1}{2}+\dfrac{1}{\pi}\arcsin\dfrac{\delta}{a}, & -a<\delta\leqslant a\\ 1, & \delta>a\end{cases}\tag{3.2-14}$$

数学期望为

$$E=\int_{-a}^{a}\frac{\delta}{\pi\sqrt{a^2-\delta^2}}\mathrm{d}\delta=0\tag{3.2-15}$$

方差和标准差分别为

$$\sigma^2=\frac{a^2}{2}\tag{3.2-16}$$

$$\sigma=\frac{a}{\sqrt{2}}\tag{3.2-17}$$

4）三角分布

在测量领域中，当两个具有相同误差限且均服从均匀分布的随机误差进行求和运算时，其和所遵循的分布规律为三角分布，该分布也被称为辛普逊（Simpson）分布。在实际测量场景里，若整个测量流程必须通过两次测量来完成，并且每次测量所产生的随机误差都服从相同的均匀分布，那么总的测量误差便符合三角分布的特征。例如进行两次测量过程时数据凑整的误差；用代替法检定标准电阻时，两次调零不准所引起的误差等，均为三角分布误差。

三角分布的分布密度 $f(\delta)$（图 3.2-4）和分布函数 $F(\delta)$ 分别为

$$f(\delta)=\begin{cases}\dfrac{a+\delta}{a^2}, & -a\leqslant\delta\leqslant 0\\ \dfrac{a-\delta}{a^2}, & 0\leqslant\delta\leqslant a\\ 0, & |\delta|>a\end{cases}\tag{3.2-18}$$

$$F(\delta)=\begin{cases}0, & \delta\leqslant -a\\ \dfrac{(a+\delta)^2}{2a^2}, & -a<\delta\leqslant 0\\ 1-\dfrac{(a-\delta)^2}{2a^2}, & 0<\delta\leqslant a\\ 1, & \delta>a\end{cases} \tag{3.2-19}$$

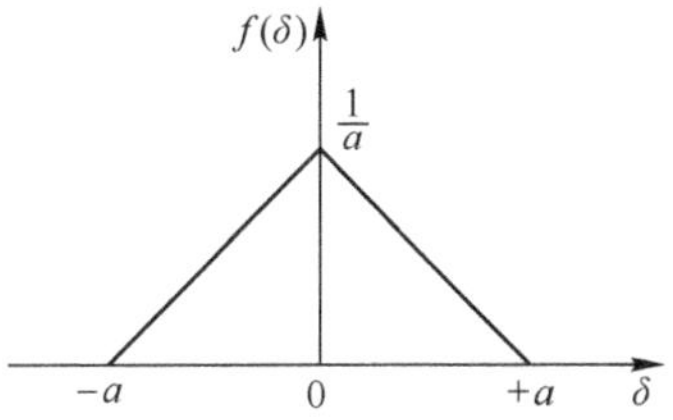

图 3.2-4　三角分布密度曲线

数学期望为

$$E=0 \tag{3.2-20}$$

方差和标准差分别为

$$\sigma^2=\frac{a^2}{6} \tag{3.2-21}$$

$$\sigma=\frac{a}{\sqrt{6}} \tag{3.2-22}$$

对两个误差限不相等的均匀分布随机误差求和时，其和的分布规律不再是三角分布而是梯形分布。

5) χ^2 分布

令 $\xi_1,\xi_2,\cdots,\xi_v$ 为 v 个独立随机变量，每个随机变量都服从标准化的正态分布。定义一个新的随机变量：

$$\chi^2=\xi_1^2+\xi_2^2+\cdots+\xi_v^2 \tag{3.2-23}$$

随机变量χ^2 称为自由度为 ν 的卡埃平方变量。自由度 ν 表示项数或独立变量的个数。

χ^2 分布的分布密度 $f(\chi^2)$ 如图 3.2-5 所示。

$$f(\chi^2)=\begin{cases}\dfrac{2^{-v/2}(\chi^2)^{v/2-1}\mathrm{e}^{-\chi^2/2}}{\boldsymbol{\Gamma}\left(\dfrac{\nu}{2}\right)}, & \chi^2>0\\ 0, & \chi^2\leqslant 0\end{cases} \tag{3.2-24}$$

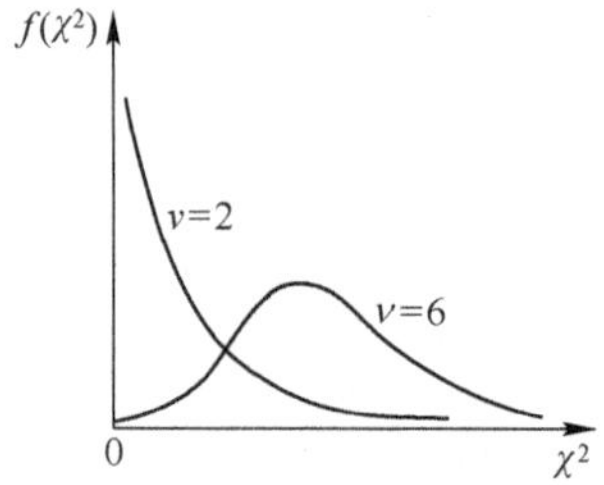

图 3.2-5　χ^2 分布密度曲线

式中：$\boldsymbol{\Gamma}\left(\frac{\nu}{2}\right)$为 $\boldsymbol{\Gamma}$ 函数。

数学期望为

$$E=\int_0^{\infty}\chi^2\frac{2^{-\nu/2}}{\boldsymbol{\Gamma}\left(\frac{\nu}{2}\right)}(\chi^2)^{\nu/2-1}\mathrm{e}^{-\chi^2/2}\mathrm{d}\chi^2=\nu \tag{3.2-25}$$

方差和标准差分别为

$$\sigma^2=2\nu \tag{3.2-26}$$

$$\sigma=\sqrt{2\nu} \tag{3.2-27}$$

由图 3.2-5 的两条χ^2 理论曲线可以看出，当 ν 逐渐增大时，曲线逐渐接近对称。可以证明，当 ν 充分大时，χ^2 曲线趋近正态曲线。

χ^2 分布是 t 分布和 F 分布的基础。

6）t 分布

令 ξ 和 η 是独立的随机变量，ξ 具有自由度为 ν 的χ^2 分布函数，η 具有标准化正态分布函数，则定义新的随机变量为

$$t=\frac{\eta}{\sqrt{\xi/\nu}} \tag{3.2-28}$$

式中：ν 为自由度。

随机变量 t 称为自由度为 ν 的 t 变量。

t 分布的分布密度 $f(t)$ 如图 3.2-6 所示。

$$f(t)=\frac{\boldsymbol{\Gamma}\left(\frac{\nu+1}{2}\right)}{\sqrt{\nu\pi}\,\boldsymbol{\Gamma}\left(\frac{\nu}{2}\right)}\left(1+\frac{t^2}{\nu}\right)^{-(\nu+1)/2} \tag{3.2-29}$$

数学期望为

$$E=0 \tag{3.2-30}$$

方差和标准差分别为

$$\sigma^2=\frac{\nu}{\nu-2} \tag{3.2-31}$$

$$\sigma=\sqrt{\frac{\nu}{\nu-2}} \tag{3.2-32}$$

t 分布的数学期望为 0，分布密度曲线对称于纵坐标，但它与标准化正态分布密度曲线不同，如图 3.2-6 所示。可以证明，当自由度较小时，t 分布与正态分布有明显区别，但当自由度 $\nu\to\infty$ 时，t 分布曲线趋于正态分布曲线。

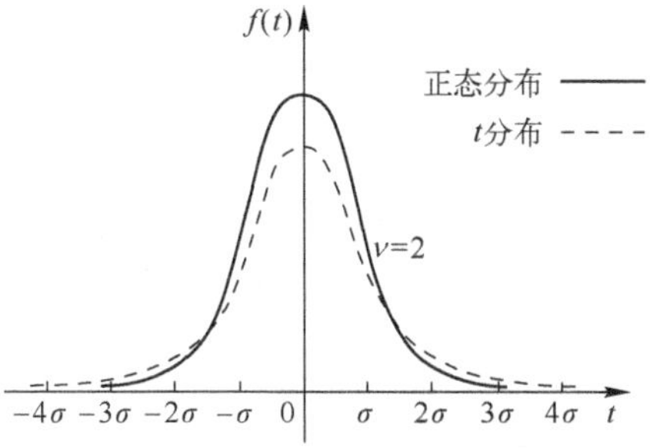

图 3.2-6　t 分布密度曲线

t 分布是一种重要分布，当测量列的测量次数比较少时，极限误差的估计，或者在检验测量数据的系统误差时经常用到它。

7）F 分布

若 ξ_1 具有自由度为 ν_1 的 χ^2 分布函数、ξ_2 具有自由度为 ν_2 的 χ^2 分布函数，定义新的随机变量为

$$F=\frac{\xi_1/\nu_1}{\xi_2/\nu_2}=\frac{\xi_1\nu_2}{\xi_2\nu_1} \tag{3.2-33}$$

随机变量 F 称为自由度为 ν_1、ν_2 的 F 变量。

F 分布的分布密度 $f(F)$ 如图 3.2-7 所示。

$$f(F)=\begin{cases}\nu_1^{\nu_1/2}\nu_2^{\nu_2/2}\dfrac{\boldsymbol{\Gamma}\left(\dfrac{\nu_1+\nu_2}{2}\right)F^{\nu_1/2-1}}{\boldsymbol{\Gamma}\left(\dfrac{\nu_1}{2}\right)\boldsymbol{\Gamma}\left(\dfrac{\nu_2}{2}\right)(\nu_2+\nu_1F)^{\frac{\nu_1+\nu_2}{2}}}, & F\geqslant 0\\ 0, & F<0\end{cases} \tag{3.2-34}$$

数学期望为

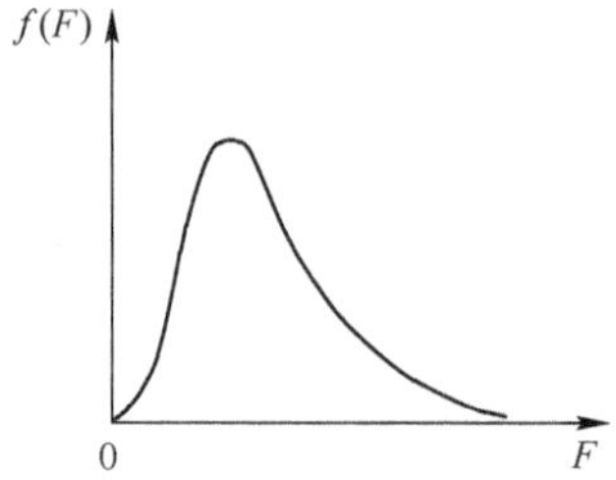

图 3.2-7　F 分布密度曲线

$$E = \int_0^{\infty} Ff(F)\mathrm{d}F = \frac{\nu_2}{\nu_2 - 2} \quad (\nu_2 > 2) \tag{3.2-35}$$

方差和标准差分别为

$$\sigma^2 = \frac{2\nu_2^2(\nu_1+\nu_2-2)}{\nu_1(\nu_2-2)^2(\nu_2-4)} \quad (\nu_2>4) \tag{3.2-36}$$

$$\sigma = \sqrt{\frac{2\nu_2^2(\nu_1+\nu_2-2)}{\nu_1(\nu_2-2)^2(\nu_2-4)}} \quad (\nu_2>4) \tag{3.2-37}$$

F 分布也是一种重要分布，在检验统计假设和方差分析中经常应用。

3.2.3　有限次测量的算术平均值

某一量进行一系列等精度测量，由于存在随机误差，其测得值皆不相同，应以全部测得值的算术平均值作为最后测量结果。

在系列测量中，被测量的 n 个测得值的代数和除以 n 而得到的值称为算术平均值，一般情况下简称平均值。

设 $l_1, l_2, \cdots, l_n$ 为 n 次测量所得的值，则算术平均值 $\bar{x}$ 为

$$\bar{x} = \frac{l_1 + l_2 + \cdots + l_n}{n} = \frac{\sum_{i=1}^{n} l_i}{n} \tag{3.2-38}$$

算术平均值与被测量的真值最为接近，由概率论的大数定律可知，若测量次数无限增加，则算术平均值 $\bar{x}$ 必然趋近于真值 L_0。

由式（3.2-1）求和，可得

$$\delta_1+\delta_2+\cdots+\delta_n = (l_1+l_2+\cdots+l_n) - nL_0$$

$$\sum_{i=1}^{n} \delta_i = \sum_{i=1}^{n} l_i - nL_0$$

$$L_0=\frac{\sum_{i=1}^{n} l_i-\sum_{i=1}^{n} \delta_i}{n}$$

根据正态分布随机误差的第四特征可知，当 $n\to\infty$ 时，有 $\frac{\sum_{i=1}^{n}\delta_i}{n}\to 0$，所以 $\bar{x}=\frac{\sum_{i=1}^{n} l_i}{n}\to L_0$。

由此可见，如果能够对某一量进行无限多次测量，就可得到不受随机误差影响的测量值，或影响甚微，可忽略。这就是当测量次数无限增大时，算术平均值（数学上称为最大或然值）被认为是最接近于真值的理论依据。由于实际上都是有限次测量，只能把算术平均值近似地作为被测量的真值。

一般情况下，被测量的真值未知，不可能按式（3.2-1）求得随机误差，这时可用算术平均值代替被测量的真值进行计算，则有

$$v_i=l_i-\bar{x} \tag{3.2-39}$$

式中：l_i代表第 i 个测得值，$i=1,2,\cdots,n$；v_i代表 l_i 的残余误差（简称残差）。

3.2.4　有限次测量的标准差

测量的标准偏差称为标准差，也称为均方根误差。

1）测量列中单次测量的标准差

由于随机误差的存在，等精度测量列中各个测得值一般皆不相同，它们围绕着该测量列的算术平均值有一定的分散，此分散度说明了测量列中单次测得值的不可靠度，必须用一个数值作为其不可靠度的评定标准。

符合正态分布的随机误差分布密度如式（3.2-2）所示。由此可知，σ 值越小，e 的指数的绝对值越大，因此 $f(\delta)$ 减小得越快，即曲线变陡。σ 值越小，e 前面的系数值变大，即对应于误差为 0（$\delta=0$）的纵坐标也大，曲线变高。反之，σ 越大，$f(\delta)$ 减小越慢，曲线平坦，同时对应于误差为 0 的纵坐标也小，曲线变低。图 3.2-8 中三个测量列所得的分布曲线不同，其标准差 σ 也不相同，且 $\sigma_1<\sigma_2<\sigma_3$。

标准差 σ 是衡量测量数据离散程度的关键指标。当 σ 取值较小时，测量数据中较小误差的占比更高，各单次测量值围绕算术平均值的分布更为紧密，数据离散程度较低，这意味着测量结果具有较高的一致性和稳定性，测量的可靠性更强，测量精度也更高，正如图表中第一条曲线所展示的那样，数据在均

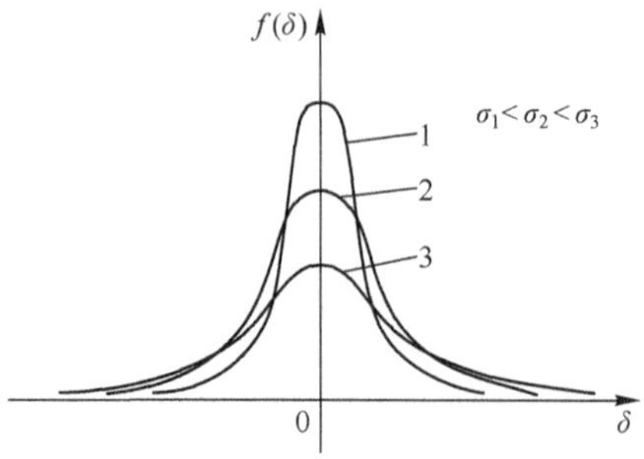

图 3.2-8　不同标准差的正态分布密度曲线

值附近集中分布；反之，若 σ 值较大，单次测量值与算术平均值之间的离散程度增大，测量结果的稳定性和可靠性降低，测量精度随之下降，这与图表中第三条曲线所呈现的分散状态相符。由此可见，单次测量的标准差 σ 能够直观地表征对同一被测量进行 n 次测量所得数据的离散特性，可作为评估单次测量结果不可靠程度的重要依据。

应该指出，标准差 σ 不是测量列中任何一个具体测得值的随机误差，σ 的大小只表明在一定条件下等精度测量列随机误差的概率分布情况。在该条件下，任意单次测得值的随机误差 δ，一般都不等于 σ，但却认为这一系列测量中所有测得值都属同样一个标准差 σ 的概率分布。在不同条件下，对同一被测量进行两个系列的等精度测量，其标准差 σ 也不相同。在等精度测量列中，单次测量的标准差按式（3.2-40）计算：

$$\sigma = \sqrt{\frac{\delta_1^2 + \delta_2^2 + \cdots + \delta_n^2}{n}} = \sqrt{\frac{\sum_{i=1}^{n} \delta_i^2}{n}} \tag{3.2-40}$$

式中：n 为测量次数（应充分大）；δ 为测得值与被测量的真值之差。

当被测量的真值为未知时，按式（3.2-40）不能求得标准差。实际上，在有限次测量情况下，可用残差 v_i 代替真误差，而得到标准差的估计值。由式（3.2-1）可知：

$$\delta_i = l_i - L_0$$

由此可得

$$\begin{cases} \delta_1 = l_1 - \bar{x} + \bar{x} - L_0 \\ \delta_2 = l_2 - \bar{x} + \bar{x} - L_0 \\ \quad \vdots \\ \delta_n = l_n - \bar{x} + \bar{x} - L_0 \end{cases} \tag{3.2-41}$$

式中：$\bar{x}-L_0=\delta_{\bar{x}}$为算术平均值的误差，将它与式（3.2−39）代入式（3.2−41），则有

$$\begin{cases}\delta_1=v_1+\delta_{\bar{x}}\\\delta_2=v_2+\delta_{\bar{x}}\\\quad\vdots\\\delta_n=v_n+\delta_{\bar{x}}\end{cases}\tag{3.2-42}$$

将式（3.2−42）对应项相加，可得

$$\sum_{i=1}^{n}\delta_i=\sum_{i=1}^{n}v_i+n\delta_{\bar{x}}$$

$$\delta_{\bar{x}}=\frac{\sum\limits_{i=1}^{n}\delta_i}{n}-\frac{\sum\limits_{i=1}^{n}v_i}{n}=\frac{\sum\limits_{i=1}^{n}\delta_i}{n}\tag{3.2-43}$$

若将式（3.2−42）平方后再相加，可得

$$\sum_{i=1}^{n}\delta_i^2=\sum_{i=1}^{n}v_i^2+n\delta_{\bar{x}}^2+2\delta_{\bar{x}}\sum_{i=1}^{n}v_i=\sum_{i=1}^{n}v_i^2+n\delta_{\bar{x}}^2\tag{3.2-44}$$

将式（3.2−43）平方，则有

$$\delta_{\bar{x}}^2=\left(\frac{\sum\limits_{i=1}^{n}\delta_i}{n}\right)^2=\frac{\sum\limits_{i=1}^{n}\delta_i^2}{n^2}+\frac{2\sum\limits_{i=1}^{n-1}\sum\limits_{j=i+1}^{n}(\delta_i\delta_j)}{n^2}$$

当 n 适当大时，可认为 $\sum\limits_{i=1}^{n-1}\sum\limits_{j=i+1}^{n}(\delta_i\delta_j)$ 趋于零，并将 $\delta_{\bar{x}}^2$代入式（3.2−44），可得

$$\sum_{i=1}^{n}\delta_i^2=\sum_{i=1}^{n}v_i^2+\frac{\sum\limits_{i=1}^{n}\delta_i^2}{n}\tag{3.2-45}$$

由式（3.2−40）可知：

$$n\sigma^2=\sum_{i=1}^{n}v_i^2+\sigma^2$$

$$\sigma=\sqrt{\frac{\sum\limits_{i=1}^{n}v_i^2}{n-1}}\tag{3.2-46}$$

式（3.2−46）称为贝塞尔（Bessel）公式，根据此式可由残差求得单次测量的标准差的估计值。

也可以用或然误差 ρ 评定单次测量不可靠性。或然误差 ρ 表示误差落入

$(-\rho,+\rho)$ 内的概率为 0.5，用残差表示为

$$\rho \approx \frac{2}{3}\sqrt{\frac{\sum_{i=1}^{n} v_i^2}{n-1}} \tag{3.2-47}$$

2）测量列算术平均值的标准差

在多次测量的测量列中，以算术平均值作为测量结果，因此必须研究算术平均值不可靠性的评定标准。如果在相同条件下对同一量值做多组重复的系列测量，每一系列测量都有一个算术平均值，由于随机误差的存在，各个测量列的算术平均值也不相同，它们围绕着被测量的真值有一定的分散，此分散说明了算术平均值的不可靠性，而算术平均值的标准差 $\sigma_{\bar{x}}$ 则是表征同一被测量的各个独立测量列算术平均值分散性的参数，可作为算术平均值不可靠性的评定标准。

由式（3.2-38）可知算术平均值 $\bar{x}$ 为

$$\bar{x}=\frac{l_1+l_2+\cdots+l_n}{n}$$

取方差，则有

$$D(\bar{x})=\frac{1}{n^2}[D(l_1)+D(l_2)+\cdots+D(l_n)]$$

因为

$$D(l_1)=D(l_2)=\cdots=D(l_n)$$

故有

$$D(\bar{x})=\frac{1}{n^2}nD(l)=\frac{1}{n}D(l)$$

所以

$$\sigma_{\bar{x}}^2=\frac{\sigma^2}{n}$$

$$\sigma_{\bar{x}}=\frac{\sigma}{\sqrt{n}} \tag{3.2-48}$$

由此可知，在 n 次测量的等精度测量列中，算术平均值的标准差为单次测量标准差的 $1/\sqrt{n}$，测量次数 n 越大，算术平均值越接近被测量的真值，测量精度也越高。

增加测量次数，可以提高测量精度，但是由式（3.2-48）可知，测量精度与测量次数的平方根成反比，因此要显著提高测量精度，必须进行较多的测量。由图 3.2-9 可知，σ 一定时，当 $n>10$ 后，$\sigma_{\bar{x}}$ 已减少得非常缓慢。此外，测量次数越大，也越难保证测量条件的恒定，从而带来新的误差，因此一般情

况下 n 取 10 以内较为适宜。总之，要提高测量精度，应采用适当精度的仪器，选取适当的测量次数。

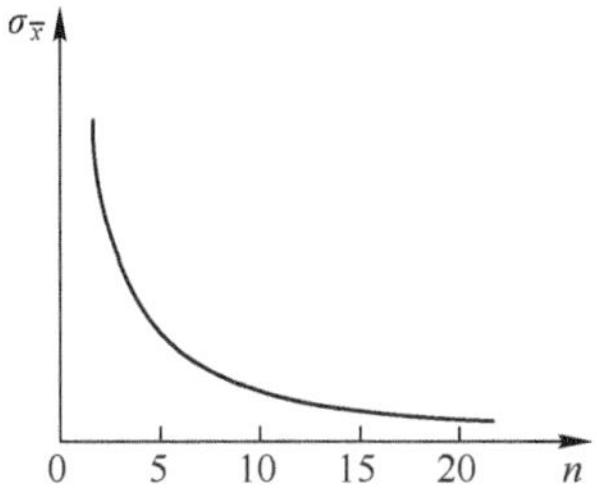

图 3.2-9　算术平均值标准差与测量次数的关系

评定算术平均值的精度标准，也可用或然误差 R，用残差 v 表示为

$$R = \frac{2}{3}\sqrt{\frac{\sum_{i=1}^{n} v_i^2}{n(n-1)}} \tag{3.2-49}$$

3）用极差法计算标准差

用贝塞尔公式计算标准差时，需要先求算术平均值，再求残差，计算过程比较复杂。当要求简便、快速计算出标准差时，可用极差法。

若等精度多次测量测得值 $x_1, x_2, \cdots, x_n$ 服从正态分布，选取最大值 $x_{\max}$ 与最小值 $x_{\min}$，则两者之差称为极差：

$$\omega_n = x_{\max} - x_{\min} \tag{3.2-50}$$

根据极差的分布函数，可求出极差的数学期望为 $E(\omega_n) = d_n\sigma$，则

$$E\left(\frac{\omega_n}{d_n}\right) = \sigma$$

故可得 σ 的无偏估计值，若仍以 σ 表示，则有

$$\sigma = \frac{\omega_n}{d_n} \tag{3.2-51}$$

式中，d_n 的数值见表 3.2-1。

表 3.2-1　极差法系数表

n	2	3	4	5	6	7	8	9	10	11
d_n	1.13	1.69	2.06	2.33	2.53	2.70	2.89	2.97	3.08	3.17
n	12	13	14	15	16	17	18	19	20	
d_n	3.13	3.34	3.41	3.47	15	3.53	3.64	3.69	3.74	

极差法可简单、迅速地计算出标准差，并具有一定精度，一般在 $n<10$ 时均可采用。

4）用最大误差法计算标准差

有些情况下，已知被测量的真值或满足规定精确度的可以代替真值使用的量值（称为实际值或约定真值），因而能够算出随机误差 δ_i，取其中绝对值最大的一个值 $|\delta_i|_{\max}$，当各个独立测量值服从正态分布时，可得关系式：

$$\sigma = \frac{|\delta_i|_{\max}}{K_n} \tag{3.2-52}$$

一般情况下，被测量的真值未知，不能按上式求标准差，应按最大残余误差 $|v_i|_{\max}$ 进行计算，其关系式为

$$\sigma = \frac{|v_i|_{\max}}{K'_n} \tag{3.2-53}$$

式（3.2-52）和式（3.2-53）中两系数 K_n、K' 的倒数见表 3.2-2。

表 3.2-2　最大误差法系数表

n	1	2	3	4	5	6	7	8	9	10	11	12	13	14	15
$1/K_n$	1.25	0.88	0.75	0.68	0.64	0.61	0.58	0.56	0.55	0.53	0.52	0.51	0.50	0.50	0.49
n	16	17	18	19	20	21	22	23	24	25	26	27	28	29	30
$1/K_n$	0.48	0.48	0.47	0.47	0.46	0.46	0.45	0.45	0.45	0.44	0.44	0.44	0.44	0.43	0.43
n	2	3	4	5	6	7	8	9	10	15	20	25	30		
$1/K_n$	1.77	1.02	0.83	0.74	0.68	0.64	0.61	0.59	0.57	0.51	0.48	0.46	0.44		

最大误差法简单、迅速、方便，当 $n<10$ 时，具有一定的精度。

3.2.5　测量的极限误差

测量的极限误差是极端误差，测量结果（单次测量或测量列的算术平均值）的误差不超过该极端误差的概率为 P，并使差值 $1-P$ 可忽略。

1）单次测量的极限误差

测量列的测量次数足够多且单次测量误差为正态分布时，根据概率论知识，可求得单次测量的极限误差。

由概率积分可知，随机误差正态分布曲线下的全部面积相当于全部误差出现的概率，即

$$\frac{1}{\sigma\sqrt{2\pi}}\int_{-\infty}^{+\infty} \mathrm{e}^{-\delta^2/(2\sigma^2)}\,\mathrm{d}\delta = 1$$

而随机误差在$-\delta$至$+\delta$范围内的概率为

$$P(\pm\delta)=\frac{1}{\sigma\sqrt{2\pi}}\int_{-\delta}^{+\delta}\mathrm{e}^{-\delta^2/(2\sigma^2)}\mathrm{d}\delta=\frac{2}{\sigma\sqrt{2\pi}}\int_{0}^{+\delta}\mathrm{e}^{-\delta^2/(2\sigma^2)}\mathrm{d}\delta \quad (3.2-54)$$

引入新的变量t：

$$t=\frac{\delta}{\sigma},\quad \delta=t\sigma$$

经变换，式（3.2-54）变为

$$P(\pm\delta)=\frac{2}{\sqrt{2\pi}}\int_{0}^{t}\mathrm{e}^{-t^2/2}\mathrm{d}t=2\Phi(t)$$

$$\Phi(t)=\frac{1}{\sqrt{2\pi}}\int_{0}^{t}\mathrm{e}^{-t^2/2}\mathrm{d}t \quad (3.2-55)$$

函数$\Phi(t)$称为概率积分。

若某随机误差在$\pm t\sigma$范围内出现的概率为$2\Phi(t)$，则超出的概率为

$$\alpha=1-2\Phi(t)$$

表 3.2-3 给出了几个典型的t值及其相应的超出或不超出$|\delta|$的概率。

表 3.2-3　典型t值对应的概率

t	$\|\delta\|=t\sigma$	不超出$\|\delta\|$概率$2\Phi(t)$	超出$\|\delta\|$概率$1-2\Phi(t)$	测量次数n	超出$\|\delta\|$测量次数
0.67	0.67σ	0.4972	0.5028	2	1
1	1σ	0.6826	0.3147	3	1
2	2σ	0.9544	0.0456	22	1
3	3σ	0.9973	0.0027	370	1
4	4σ	0.9999	0.0001	15626	1

由表 3.2-3 可知，随着t的增大，超出$|\delta|$的概率减小得很快。当$t=2$，即$|\delta|=2\sigma$时，在 22 次测量中只有 1 次误差绝对值超出2σ范围；当$t=3$，即$|\delta|=3\sigma$时，在 370 次测量中只有 1 次误差绝对值超出3σ范围。由于在一般测量中，测量次数很少超过几十次，因此可以认为绝对值大于3σ的误差是不可能出现的，通常把这个误差称为单次测量的极限误差$\delta_{\lim x}$，即

$$\delta_{\lim x}=\pm3\sigma \quad (3.2-56)$$

当$t=3$时，对应的概率$P=99.73\%$。

在实际测量中，有时也可取其他t值表示单次测量的误差极限。例如，$t=2.58$，$P=99\%$；$t=2$，$P=95.44\%$；$t=1.96$，$P=95\%$等。因此一般情况下，测量列单次测量的极限误差可用下式表示：

$$\delta_{\lim x}=\pm t\sigma \tag{3.2-57}$$

若已知测量的标准差 σ，选定置信系数 t，则可由式（3.2-57）求得单次测量的极限误差。

极限误差置信系数与概率示意图如图 3.2-10 所示。

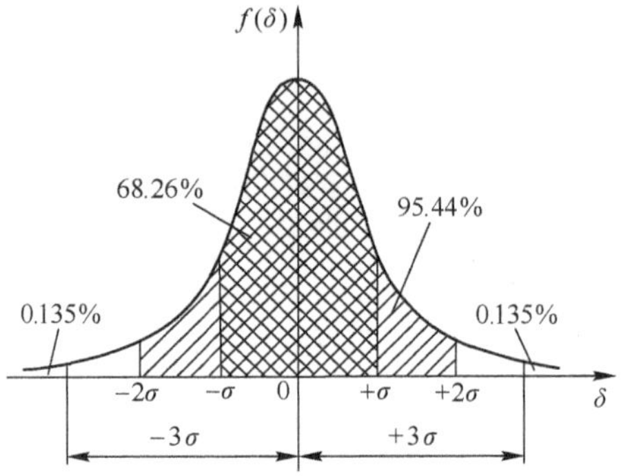

图 3.2-10　极限误差置信系数与概率示意图

2）算术平均值的极限误差

测量列的算术平均值与被测量的真值之差称为算术平均值误差 $\delta_{\bar{x}}$，即

$$\delta_{\bar{x}}=\bar{x}-L_0$$

当多个测量列的算术平均值误差 $\delta_{\bar{x}_i}(i=1,2,\cdots,N)$ 为正态分布时，根据概率论知识，同样可得测量列算术平均值的极限误差表达式为

$$\delta_{\lim\bar{x}}=\pm t\sigma_{\bar{x}} \tag{3.2-58}$$

式中：t 为置信系数；$\sigma_{\bar{x}}$为算术平均值的标准差。

通常取 $t=3$，则有

$$\delta_{\lim\bar{x}}=\pm 3\sigma_{\bar{x}} \tag{3.2-59}$$

实际测量中，有时也可取其他 t 值来表示算术平均值的极限误差。但当测量列的测量次数较少时，应按“学生”分布（“Student” distribution）或 t 分布来计算测量列算术平均值的极限误差，即

$$\delta_{\lim\bar{x}}=\pm t_a\sigma_{\bar{x}} \tag{3.2-60}$$

式中：t_a为置信系数，它由给定的置信概率 $P=1-a$ 和自由度 $\nu=n-1$ 确定；a 为超出极限误差的概率（称为显著度或显著水平），通常取 $a=0.01$ 或 0.02，0.05；n 为测量次数；$\sigma_{\bar{x}}$为 n 次测量的算术平均值标准差。

对于同一个测量列，按正态分布和 t 分布分别计算时，即使置信概率的取值相同，但由于置信系数不相同，因而求得的算术平均值极限误差也不相同。

3.2.6　不等精度测量

前述的处理方法都是针对等精度测量的，在一般测量实践中基本上都属这种类型。但为了得到更精确的测量结果，如在科学研究或高精度测量中，往往在不同的测量条件下，用不同的仪器、不同的测量方法、不同的测量次数以及不同的测量者进行测量与对比，这种测量称为不等精度测量。

在一般测量工作中，常遇到的不等精度测量有两种情况。

第一种情况，用不同测量次数进行对比测量。例如，用同一台仪器测量某一参数，先后用 n_1 次和 n_2 次进行测量，分别求得算术平均值 x_1 和 x_2。因为 $n_1 \neq n_2$，显然 $\overline{x}_1$ 与 $\overline{x}_2$ 的精度不一样。如何求得最后的测量结果及其精度？

第二种情况，用不同精度的仪器进行对比测量。例如，对于高精度或重要的测量任务，往往要用不同精度的仪器进行互比核对测量，显然所得到的结果不相同。如何求得最后的测量结果及其精度？

对于不等精度测量，计算最后测量结果及其精度（如标准差），不能套用前面等精度测量的计算公式，需推导出新的计算公式。

1）权的概念

在等精度测量中，各个测得值可认为同样可靠，并取所有测得值的算术平均值作为最后测量结果。在不等精度测量中，各个测量结果的可靠程度不一样，因而不能简单地取各测量结果的算术平均值作为最后测量结果，应让可靠程度大的测量结果在最后结果中占的比重大一些，可靠程度小的占比重小一些。各测量结果的可靠程度可用一数值来表示，这一数值称为该测量结果的“权”，记为 p。因此测量结果的权可理解为，当它与另一些测量结果比较时，对该测量结果所给予的信赖程度。

2）权的确定方法

既然测量结果的权说明了测量的可靠程度，因此可根据这一原则来确定权的大小。例如，可按测量条件的优劣、测量仪器和测量方法所能达到的精度高低、重复测量次数的多少以及测量者水平高低等来确定权的大小，即测量方法越完善，测量精度越高，所得测量结果的权也应越大。在相同条件下，由不同水平的测量者用同一种测量方法和仪器对同一被测量进行测量，显然对于经验丰富的测量者所测得的结果应给予较大的权。最简单的方法可按测量的次数来确定权，即测量条件和测量者水平皆相同，则重复测量次数越多，其可靠程度也越大，因此完全可由测量的次数来确定权的大小，即 $p_i = n_i$。假定同一个被测量有 m 组不等精度的测量结果，这 m 组测量结果是从单次测量精度相同而测量次数不同的一系列测量值求得的算术平均值。因为单次测量精度皆相同，

其标准差均为 σ，则各组算术平均值的标准差为

$$\sigma_{\bar{x}_i}=\frac{\sigma}{\sqrt{n_i}} \quad (i=1,2,\cdots,m) \tag{3.2-61}$$

因此，有下列等式：

$$n_1\sigma_{\bar{x}_1}^2=n_2\sigma_{\bar{x}_2}^2=\cdots=n_m\sigma_{\bar{x}_m}^2=\sigma^2$$

因为 $p_i=n_i$，故上式又可写为

$$p_1\sigma_{\bar{x}_1}^2=p_2\sigma_{\bar{x}_2}^2=\cdots=p_m\sigma_{\bar{x}_m}^2=\sigma^2 \tag{3.2-62}$$

或表示为

$$p_1:p_2:\cdots:p_m=\frac{1}{\sigma_{\bar{x}_1}^2}:\frac{1}{\sigma_{\bar{x}_2}^2}:\cdots:\frac{1}{\sigma_{\bar{x}_m}^2} \tag{3.2-63}$$

由此可得出结论：每组测量结果的权与其相应的标准差平方成反比，若已知各组算术平均值的标准差，则可按式（3.2-63）确定相应权的大小。测量结果的权的数值只表示各组间的相对可靠程度，它是一个无量纲数，允许各组的权数同时增大或减小若干倍，而各组间的比例关系不变，但通常皆将各组的权数予以约简，使其中最小的权数为不可再约简的整数，以便用简单的数值来表示各组的权。

3）加权算术平均值

若对同一被测量进行 m 组不等精度测量，得到 m 个测量结果 $\bar{x}_1,\bar{x}_2,\cdots,\bar{x}_m$，设相应的测量次数为 $n_1,n_2,\cdots,n_m$，即

$$\bar{x}_1=\frac{\sum_{i=1}^{n_1}l_1^i}{n_1},\bar{x}_2=\frac{\sum_{i=1}^{n_2}l_2^i}{n_2},\cdots,\bar{x}_m=\frac{\sum_{i=1}^{n_m}l_1^i}{n_m} \tag{3.2-64}$$

根据等精度测量算术平均值原理，全部测量的算术平均值 $\bar{x}$ 应为

$$\bar{x}=\left[\sum_{i=1}^{n_1}l_1^i+\sum_{i=1}^{n_2}l_2^i+\cdots+\sum_{i=1}^{n_m}l_m^i\right]\Big/\sum_{i=1}^{m}n_i$$

将式（3.2-64）代入上式，可得

$$\bar{x}=\frac{n_1\bar{x}_1+n_2\bar{x}_2+\cdots+n_m\bar{x}_m}{n_1+n_2+\cdots+n_m}=\frac{p_1\bar{x}_1+p_2\bar{x}_2+\cdots+p_m\bar{x}_m}{p_1+p_2+\cdots+p_m}$$

或简写为

$$\bar{x}=\frac{\sum_{i=1}^{m}p_i\bar{x}_i}{\sum_{i=1}^{m}p_i} \tag{3.2-65}$$

当各组的权相等，即 $p_1=p_2=\cdots=p_m=p$ 时，加权算术平均值可简化为

$$\bar{x}=\frac{p\sum_{i=1}^{m}\bar{x}_i}{mp}=\frac{\sum_{i=1}^{m}\bar{x}_i}{m} \tag{3.2-66}$$

由式（3.2-66）求得的结果即为等精度的算术平均数，由此可知等精度测量是不等精度测量的特殊情况。

4）单位权概念

由式（3.2-62）可知

$$p_i\sigma_{\bar{x}_i}^2=\sigma^2 \quad (i=1,2,\cdots,m)$$

此式又可表示为

$$p_i\sigma_{\bar{x}_i}^2=p\sigma^2 \quad (p=1) \tag{3.2-67}$$

式中：σ 为等精度单次测得值的标准差。

由此可认为，具有同一方差 σ^2 的等精度单次测得值的权数为 1。若已知方差 σ^2，只要确定各组的权 p_i，就可按式（3.2-67）分别求得各组的方差 $\sigma_{\bar{x}_i}^2$。由于测得值的方差 σ^2 的权数为 1 在此有特殊用途，故特称等于 1 的权为单位权，而 σ^2 为具有单位权的测得值方差，σ 为具有单位权的测得值标准差。

在不等精度测量中，各个测量结果的精度不等，权数也不相同，不能应用等精度测量的计算公式。有时为了计算需要，可将不等精度测量列转化为等精度测量列，这样就可用等精度测量的计算公式来处理不等精度测量结果。所采用的方法是使权数不同的不等精度测量列转化为具有单位权的等精度测量列，即所谓的单位权化。

单位权化的实质是使任何一个量值乘以自身权数的平方根，得到新的量值权数为 1。若将不等精度测量的各组测量结果 x_i 皆乘以自身权数的平方根 $\sqrt{p_i}$，此时得到的新值 z 的权数就为 1，证明如下。

设 $z=\sqrt{p_i}\bar{x}_i$（$i=1,2,\cdots,m$），取方差 $D(z)=p_iD(\bar{x}_i)$，$\sigma_z^2=p_i\sigma_{\bar{x}_i}^2$。

前面已知各组测量结果的权数与相应的方差成反比，若用权数来表示上式中的方差，则有

$$\frac{1}{p_z}=p_i\frac{1}{p_i}=1$$

故得

$$p_z=1$$

由此可知，单位权化以后得到的新值 z 的权数 p_z 为 1。用这种方法可将不等精度的各组测量结果皆进行单位权化，使该测量列转化为等精度测量列。

5）加权算术平均值的标准差

对同一被测量进行 m 组不等精度测量，得到 m 个测量结果$\bar{x}_1,\bar{x}_2,\cdots,\bar{x}_m$，若已知单位权测得值的标准差 σ，则由式（3.2–61）可知：

$$\sigma_{\bar{x}_i}=\frac{\sigma}{\sqrt{n_i}},\quad i=1,2,\cdots,m$$

而全部$(m\times n)$测得值的算术平均值$\bar{x}$的标准差为

$$\sigma_{\bar{x}}=\frac{\sigma}{\sqrt{n_1+n_2+\cdots+n_m}}=\frac{\sigma}{\sqrt{\sum_{i=1}^{m}n_i}}$$

比较上面两式，可得

$$\sigma_{\bar{x}}=\sigma_{\bar{x}_i}\sqrt{\frac{n_i}{\sum_{i=1}^{m}n_i}}\tag{3.2-68}$$

因为

$$p_i=n_i,\quad \sum_{i=1}^{m}p_i=\sum_{i=1}^{m}n_i$$

代入式（3.2–68）得

$$\sigma_{\bar{x}}=\sigma_{\bar{x}_i}\sqrt{\frac{p_i}{\sum_{i=1}^{m}p_i}}=\frac{\sigma}{\sqrt{\sum_{i=1}^{m}p_i}}\tag{3.2-69}$$

由式（3.2–69）可知，当各组测量的总权数 $\sum_{n=1}^{m}p_i$ 已知时，可由任意一组的标准差 $\sigma_{\bar{x}_i}$和相应的权 p_i，或者由单位权的标准差 σ，求得加权算术平均值的标准差 $\sigma_{\bar{x}}$。

当各组测量结果的标准差未知时，则不能直接应用式（3.2–69），而必须由各测量结果的残余误差来计算加权算术平均值的标准差。

已知各组测量结果的残余误差为

$$v_{\bar{x}_i}=\bar{x}_i-\bar{x}$$

将各组$\bar{x}_i$ 单位权化，则有

$$\sqrt{p_i}v_{\bar{x}_i}=\sqrt{p_i}\bar{x}_i-\sqrt{p_i}\bar{x}$$

因为上式中各组新值$\sqrt{p_i}\bar{x}_i$ 已为等精度测量列的测量结果，相应地，$\sqrt{p_i}v_{\bar{x}_i}$ 也成为等精度测量列的残余误差，则可用$\sqrt{p_i}v_{\bar{x}_i}$代替 v_i代入等精度测量公式（3.2–46），得到

$$\sigma = \sqrt{\frac{\sum_{i=1}^{m} p_i v_{\bar{x}_i}^2}{m-1}} \tag{3.2-70}$$

再将式（3.2-70）代入式（3.2-69），可得

$$\sigma_{\bar{x}} = \sqrt{\frac{\sum_{i=1}^{m} p_i v_{\bar{x}_i}^2}{(m-1)\sum_{i=1}^{m} p_i}} \tag{3.2-71}$$

式（3.2-71）可由各组测量结果的残差求得加权算术平均值的标准差，但必须指出的是，只有当组数 m 足够多时，才能得到较为精确的 $\sigma_{\bar{x}}$ 值，一般情况下组数较少，只能得到近似的估计值。

3.3　系统误差的处理

系统误差是固定不变或按一定规律变化的误差。系统误差和随机误差一起存在于测量数据中，且不易被发现，多次重复测量不能减小它对测量结果的影响，这种潜伏性使得系统误差比随机误差具有更大的危险性。

定值系统误差只影响系列重复测量值的算术平均值，对测量值的残差没有影响，即不影响随机误差的分布规律和精度参数。其他的都是变值系统误差，对系列重复测量的算术平均值和残差均有影响，既影响分布规律，也影响标准差等精度参数值。因此，研究系统误差的特征和规律性，用一定的方法发现和消除系统误差，是十分必要的。否则，对随机误差的严格数学处理将失去意义，或者收效甚微。

对待系统误差的基本措施是要设法发现并予以减小或消除。

3.3.1　系统误差的产生原因

系统误差是由固定不变的或按确定规律变化的因素造成的，这些误差因素是可以掌握的。

1）测量装置方面的因素

仪器机构设计原理上的缺点，如齿轮杠杆测微仪直线位移和转角不成比例的误差；仪器零件制造和安装不正确，如标尺的刻度偏差、刻度盘和指针的安装偏心、仪器各导轨的误差、天平的臂长不一致等；仪器附件制造偏差，如标准环规直径偏差等。

2）环境方面的因素

测量时的实际温度对标准温度的偏差，测量过程中温度、湿度等按一定规律变化的误差。

3）测量方法的因素

采用近似的测量方法或近似的计算公式等引起的误差。

4）测量人员方面的因素

由于测量人员的个人特点，在刻度上估计读数时，习惯偏于某一方向；动态测量时，记录某一信号有滞后的倾向。

3.3.2 系统误差的特征

系统误差的特征是在同一条件下，多次测量同一量值时，误差的绝对值和符号保持不变，或者在条件改变时，误差按一定规律变化。

由系统误差的特征可知，在多次重复测量同一量值时，系统误差不具有抵偿性，它是固定的或服从一定函数规律的误差。从广义上理解，系统误差即是服从某一确定规律变化的误差。

图 3.3-1 所示为各种系统误差 Δ 随测量过程 t 变化而表现出不同特征。曲线 a 为定值系统误差，曲线 b 为线性变化的系统误差，曲线 c 为非线性变化的系统误差，曲线 d 为周期性变化的系统误差，曲线 e 为复杂规律变化的系统误差。

当系统误差与随机误差同时存在时，误差表现特征如图 3.3-2 所示。图中设 x_0为被测量的真实值，在多次重复测量中系统误差为固定值 Δ，而随机误差为对称分布，分布范围为 2δ，并以系统误差 Δ 为中心而变化。

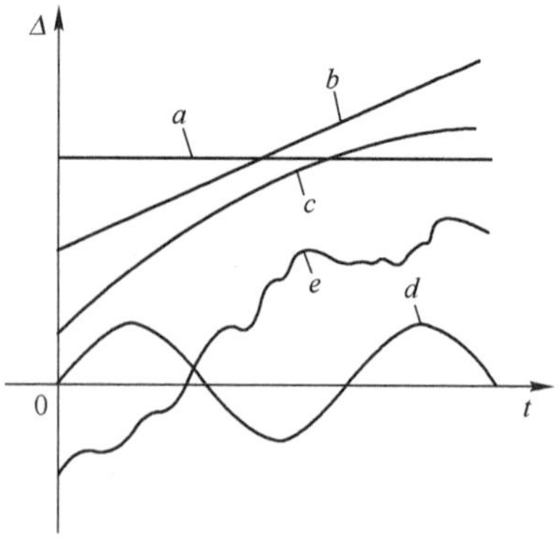

图 3.3-1　系统误差特征

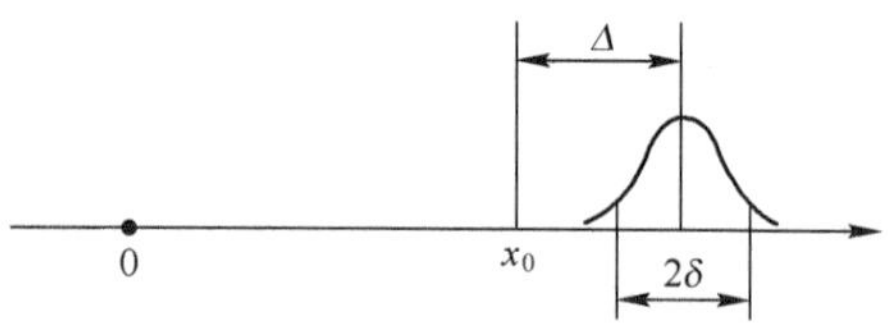

图 3.3-2　系统误差与随机误差同在

1） 定值系统误差

在整个测量过程中，误差的大小和正负符号恒定不变，称为定值系统误差。刻度尺不准确、仪器设备的零位等，都会对测量结果引入定值系统误差。

2） 线性变化的系统误差

在整个测量过程中，随着测量值或时间的变化，误差值成比例地增大或减小，称为线性变化的系统误差。

3） 周期性变化的系统误差

误差按周期规律变化，最常见的为正弦周期误差。

4） 复杂规律变化的系统误差

误差的变化规律比较复杂，如微安表的指针偏转角与偏转力矩不能严格保持线性关系，而表盘仍采用均匀刻度所产生的误差等。

3.3.3　系统误差的发现

因为系统误差的数值往往较大，且对随机误差的处理有较大的不利影响，必须消除或减小系统误差的影响，才能有效地提高测量精度。为了消除或减小系统误差，首先必须发现系统误差。在测量中形成系统误差的因素是复杂的，通常难以查明所有的系统误差，也不可能全部消除系统误差的影响。发现系统误差必须根据具体测量过程和测量仪器进行全面细致的分析，这是一件困难且复杂的工作，目前还没有能够适用于发现各种系统误差的普遍方法。下面介绍几种常用方法。

1） 实验对比法

实验对比法是改变产生系统误差的条件进行不同测量，以发现系统误差，这种方法适用于发现不变的系统误差。例如，量块按公称尺寸使用时，在测量结果中就存在由于量块尺寸偏差而产生的不变的系统误差，多次重复测量也不能发现这一误差，只有用另一块高一级精度的量块进行对比时才能发现它。

2） 残差观察法

残差观察法是根据测量列的各个残余误差大小和符号的变化规律，直接由误差数据或误差曲线图形来判断有无系统误差，这种方法主要适用于发现有规律变化的系统误差。

若有测量列 $l_1,l_2,\cdots,l_n$，则它们的系统误差为

$$\Delta l_1,\Delta l_2,\cdots,\Delta l_n$$

不含系统误差之值为

$$l'_1,l'_2,\cdots,l'_n$$

则有

$$l_1 = l'_1 + \Delta l_1$$
$$l_2 = l'_2 + \Delta l_2$$
$$\vdots$$
$$l_n = l'_n + \Delta l_n$$

算术平均值为

$$\bar{l} = \overline{l'} + \Delta\bar{l}$$

因 $l_i - \bar{l} = \nu_i$，$l'_i - \overline{l'} = \nu'_i$，则有

$$\nu_i = \nu'_i + (\Delta l_i - \Delta\bar{l}) \tag{3.3-1}$$

若系统误差显著大于随机误差，ν'_i 可以忽略，则有

$$\nu_i \approx \Delta l_i - \Delta\bar{l} \tag{3.3-2}$$

式（3.3-2）说明，显著含有系统误差的测量列，其任意测量值的残差为系统误差与测量列系统误差平均值之差。

根据测量先后顺序，对测量列的残差列表或作图（图 3.3-3）进行观察，可以判断出有无系统误差。

若残差大体上是正负相间，且无显著变化规律，则无根据怀疑存在系统误差（图 3.3-3（a））。若残差数值有规律地递增或递减，且在测量开始或结束时误差符号相反，则存在线性系统误差（图 3.3-3（b））。若残差符号有规律地逐渐由负变正、再由正变负，且循环交替重复变化，则存在周期性系统误差（图 3.3-3（c））。若残差有图 3.3-3（d）所示的变化规律，则应怀疑同时存在线性系统误差和周期性系统误差。由式（3.3-1）和图 3.3-3 可知，若测量列中含有定值系统误差，用残差观察法发现不了。

3）*残差校核法*

根据式（3.3-1），若将测量列中前 K 个残差相加，后 $n-K$ 个残差相加（当 n 为偶数时，取 $K=n/2$；当 n 为奇数时，取 $K=(n+1)/2$），两者相减，可得

$$\Delta = \sum_{i=1}^{K} v_i - \sum_{j=K+1}^{n} v_i = \sum_{i=1}^{K} \nu'_i - \sum_{j=K+1}^{n} \nu'_i + \sum_{i=1}^{K} (\Delta l_i - \Delta\bar{l}) - \sum_{j=K+1}^{n} (\Delta l_i - \Delta\bar{l})$$

当测量次数足够多时，$\sum_{i=1}^{K} \nu'_i \approx \sum_{j=K+1}^{n} v'_i \approx 0$，可得

$$\Delta = \sum_{i=1}^{K} v_i - \sum_{j=K+1}^{n} v_i \approx \sum_{i=1}^{K} (\Delta l_i - \Delta\bar{l}) - \sum_{j=K+1}^{n} (\Delta l_i - \Delta\bar{l}) \tag{3.3-3}$$

若式（3.3-3）的两部分差值 Δ 显著不为零，则有理由认为测量列存在线性系统误差。这种校核法又称为马利科夫（Malikov）准则，它能有效地发现

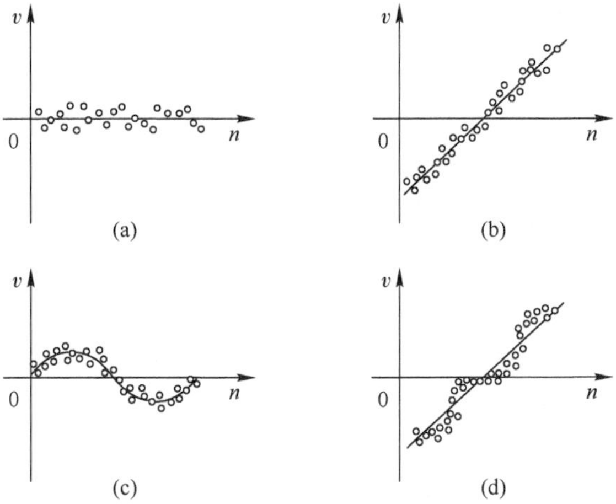

图 3.3-3　残差观察法

线性系统误差。但值得指出的是，有时虽按残差校核法求得差值 $\Delta=0$，但仍有可能存在系统误差。

残差校核法也可用于发现周期性系统误差。

若有一等精度测量列，按测量先后顺序将残余误差排列为 $v_1, v_2, \cdots, v_n$，如果存在按此顺序呈周期性变化的系统误差，则相邻两个残余误差的差值(v_i-v_{i+1})符号也将出现周期性的正负号变化，因此由差值 v_i-v_{i+1} 可以判断是否存在周期性系统误差。但是这种方法只有当周期性系统误差是整个测量误差的主要成分时，才有实用效果。否则，差值(v_i-v_{i+1})符号变化将主要取决于随机误差，以致不能判断出周期性系统误差。在此情况下，可用统计准则进行判断，令

$$u = \left| \sum_{i=1}^{n-1} v_i v_{i+1} \right| = \left| v_1 v_2 + v_2 v_3 + \cdots + v_{n-1} v_n \right|$$

若

$$u > \sqrt{n-1}\,\delta^2 \tag{3.3-4}$$

则认为该测量列中含有周期性系统误差。这种校核法又称为阿卑-赫梅特(Abbe-Helmert) 准则，它能有效地发现周期性系统误差。

4) 计算数据比较法

对同一量进行多组测量，得到很多数据，通过多组计算数据比较，若不存在系统误差，其比较结果应满足随机误差条件，否则可认为存在系统误差。

若对同一量独立测得 m 组结果，并已知它们的算术平均值和标准差为

$$\bar{x}_1, \sigma_1; \bar{x}_2, \sigma_2; \cdots; \bar{x}_m, \sigma_m$$

而任意两组结果之差为

$$\Delta=\bar{x}_i-\bar{x}_j$$

其标准差为

$$\sigma=\sqrt{\sigma_i^2+\sigma_j^2}$$

则任意两组结果$\bar{x}_i$与$\bar{x}_j$间不存在系统误差的标志为

$$|\bar{x}_i-\bar{x}_j|<2\sqrt{\sigma_i^2+\sigma_j^2} \tag{3.3-5}$$

5）秩和检验法

对某量进行两组测量，这两组间是否存在系统误差，可用秩和检验法根据两组分布是否相同来判断。

若独立测得两组的数据为

$$x_i \quad (i=1,2,\cdots,n_x)$$
$$x_j \quad (j=1,2,\cdots,n_y)$$

将它们混合以后，按大小顺序重新排列，取测量次数较少的那一组，数出它的测得值在混合后的次序（即秩），再将所有测得值的次序相加，即得秩和 T。

通常，两组的测量次数 n_1、$n_2 \leqslant 10$，可根据测量次数较少的组的次数 n_1 和测量次数较多的组的次数 n_2，由秩和检验表 3.3-1 查得 T_- 和 T_+（显著度 0.05），若

$$T_-<T<T_+ \tag{3.3-6}$$

则无根据怀疑两组间存在系统误差。

表 3.3-1　秩和检验表

n_1	2	2	2	2	2	2	2	3	3	3	3
n_2	4	5	6	7	8	9	10	3	4	5	6
T_-	3	3	4	4	4	4	5	6	7	7	8
T_+	11	13	14	16	18	20	21	15	17	20	22
n_1	3	3	3	3	4	4	4	4	4	4	4
n_2	7	8	9	10	4	5	6	7	8	9	10
T_-	9	9	10	11	12	13	14	15	16	17	18
T_+	24	27	29	31	24	27	30	33	36	39	42
n_1	5	5	5	5	5	5	6	6	6	6	6
n_2	5	6	7	8	9	10	6	7	8	9	10

续表

T_-	19	20	22	23	25	26	28	30	32	33	35
T_+	36	40	43	47	50	54	50	54	58	63	67
n_1	7	7	7	7	8	8	8	9	9	10	
n_2	7	8	9	10	8	9	10	9	10	10	
T_-	39	41	43	46	52	54	57	66	69	83	
T_+	66	71	76	80	84	90	95	105	111	127	

当 n_1、$n_2>10$，秩和 T 近似服从正态分布：

$$N\left(\frac{n_1(n_1+n_2+1)}{2},\sqrt{\frac{n_1n_2(n_1+n_2+1)}{12}}\right)$$

括号中第一项为数学期望，第二项为标准差，此时 T_- 和 T_+ 可由正态分布算出。

根据求得的数学期望值 a 和标准差 σ，则有

$$T-a=t\sigma,\quad t=\frac{T-a}{\sigma}$$

选取概率 $\Phi(t)$，由正态分布积分表（附录表）查得 t，若

$$|t|\leqslant t_a$$

则无根据怀疑两组间存在系统误差。

6）t 检验法

当两组测得值服从正态分布时，可用 t 检验法判断两组间是否存在系统误差。

若独立测得的两组数据为

$$x_i\quad(i=1,2,\cdots,n_x)$$

$$y_j\quad(j=1,2,\cdots,n_y)$$

令变量

$$t=(\bar{x}-\bar{y})\sqrt{\frac{n_xn_y(n_x+n_y-2)}{(n_x+n_y)(n_x\sigma_x^2+n_y\sigma_y^2)}}\tag{3.3-7}$$

此变量服从自由度为 n_x+n_y-2 的 t 分布变量，其中

$$\bar{x}=\frac{1}{n_x}\sum x_i$$

$$\bar{y}=\frac{1}{n_y}\sum y_j$$

$$\sigma_x^2=\frac{1}{n_x}\sum(x_i-\bar{x})^2$$

$$\sigma_y^2=\frac{1}{n_y}\sum(y_j-\bar{y})^2$$

取显著度 a，由 t 分布表查 $P(|t|>t_a)=a$ 中的 t_a，若实测数列中 $|t|<t_a$，则无根据怀疑两组间有系统误差。

上面介绍了六种系统误差发现方法，按其用途分为两类：第一类用于发现测量组内的系统误差，包括实验对比法、残差观察法、残差校核法；第二类用于发现各组测量之间的系统误差，包括计算数据比较法、秩和检验法、t 检验法。这些方法各有特点，有的只能在一定条件下应用，必须根据具体测量仪器和测量过程来选用相应的方法。例如，实验对比法是发现系统误差的有效方法，但由于这种方法需要相应的高精度测量仪器和较好的测量条件，因而其应用受到限制。残差观察法是发现组内系统误差的有效方法，一般情况下皆可应用，但发现不了定值系统误差。

3.3.4 系统误差的减小与消除

在测量过程中，若发现系统误差，必须进一步分析比较，找出可能产生系统误差的原因以及减小和消除系统误差的方法，但是这些方法和具体的测量对象、测量方法、测量人员的经验有关，要找出普遍有效的方法比较困难。下面介绍几种基本方法。

1）从产生误差根源上消除系统误差

从产生误差根源上消除误差是最根本的方法，它要求测量人员对测量过程中可能产生的系统误差的环节进行仔细分析，并在测量前就将误差从根源上加以消除。例如，为了防止调整误差，要正确调整仪器，选择合理的被测件的定位面或支承点；为了防止测量过程中仪器零位的变动，测量开始和结束时都需检查零位；为了防止仪器长期使用后精度降低，要严格进行周期性检定与修理。如果误差是由外界条件引起的，应在外界条件比较稳定时进行测量，当外界条件急剧变化时应停止测量。

2）用修正方法消除系统误差

这种方法是预先将测量器具的系统误差检定出来或计算出来，做出误差表或误差曲线，然后取与误差数值大小相同而符号相反的值作为修正值，将实际测得值加上相应的修正值，即可得到不包含该系统误差的测量结果。

由于修正值本身也包含有一定误差，因此用修正值消除系统误差的方法不可能将全部系统误差修正掉，总要残留少量系统误差，这种残留的系统误差则应按随机误差进行处理。

3）定值系统误差消除法

常采用代替法、抵消法、交换法消除定值系统误差。

代替法的实质是在测量装置上对被测量测量后不改变测量条件，立即用一个标准量代替被测量，放到测量装置上再次进行测量，从而求出被测量与标准量的差值。

抵消法要求进行两次测量，以便使两次读数时出现的系统误差大小相等、符号相反，取两次测得值的平均值作为测量结果，即可消除系统误差。

交换法是根据误差产生原因，将某些条件交换，以消除系统误差。

4）线性系统误差消除法——对称法

对称法是消除线性系统误差的有效方法。随着时间的变化，被测量线性增加，若选定某时刻为中点，则对称此点的系统误差算术平均值皆相等。

利用这一特点，可将测量对称安排，取各对称点两次读数的算术平均值作为测得值，即可消除线性系统误差。

对称法可以有效消除随时间变化而产生的线性系统误差。很多误差都随时间变化，而在短时间内均可认为是线性规律。有时，按复杂规律变化的误差也可近似地作为线性误差处理，因此，在一切有条件的场合，均宜采用对称法消除系统误差。

5）周期性系统误差消除法——半周期法

对于周期性误差，可以相隔半个周期进行两次测量，取两次读数的平均值，即可有效消除周期性系统误差。

6）复杂系统误差消除法

由于自动化测量技术和计算机的应用，可用实时反馈修正的方法来消除复杂的变值系统误差。当查明某种误差因素的变化（如某种形式的位移、温度、气压、介质折射率等的变化）对测量结果有明显的复杂影响时，应尽可能找出影响测量结果的函数关系或近似的函数关系（理论公式或经验公式）。在测量过程中，用传感器将这些误差因素的变化转换成某种物理量形式（一般为电量），及时按照其函数关系，通过计算机算出影响测量结果的误差值，并对测量结果做实时的自动修正。

3.4 粗大误差的判别

粗大误差又称疏忽误差或过失误差，其数值一般比较大，会对测量结果产生明显的影响。一旦发现含有粗大误差的测量值，应将其从测量列中剔除。

3.4.1 粗大误差产生的原因

粗大误差产生的原因是多方面的，大致可归纳为如下两点。

1）测量人员的主观原因

由于测量者工作责任感不强，工作过于疲劳，缺乏经验、操作不当，测量时不小心、不耐心、不仔细等，从而造成了错误的读数或错误的记录，这是产生粗大误差的主要原因。

2）客观外界条件改变的客观原因

由于测量条件意外地改变（如机械冲击、外界振动等），引起仪器示值或被测对象位置的改变而产生粗大误差。

3.4.2 防止与消除粗大误差的方法

对于粗大误差，除了设法从测量结果中发现和鉴别而加以剔除外，更重要的是要加强测量者的工作责任心和以严格的科学态度对待测量工作；此外，还要保证测量条件的稳定，或者应避免在外界条件发生激烈变化时进行测量。如能达到以上要求，一般情况下是可以防止粗大误差产生的。

在某些情况下，为了及时发现与防止测得值中含有粗大误差，可采用不等精度测量和互相之间进行校核的方法。例如，对某一被测值，可由两位测量者进行测量、读数和记录，或者用两种不同仪器或两种不同方法进行测量。

3.4.3 粗大误差的判别准则

对于已确知是在外界不正常干扰下测得的数据，或经检查时错读、错记的数据，应舍弃。但不能不知原因不加分析就舍弃测量列中最大或最小的数据，因为这样可能造成错觉，会对余下数据的精度做出过高估计。

对于较重要的测量，一般都是多次重复测量，其测量列中被怀疑含有粗大误差而又不明原因的数据，应按一定的判别规则来判断。

1）3σ 准则（莱以特准则）

3σ 准则是最常用也是最简单的判别粗大误差的准则，它是以测量次数充分大为前提，但通常测量次数皆较少，因此 3σ 准则只是一个近似的准则。

对于某一测量列，若各测得值只含有随机误差，则根据随机误差的正态分布规律，其残余误差落在$\pm 3\sigma$ 以外，概率约为 0.3%，即在 370 次测量中只有一次其残余误差$|v_i|>3\sigma$。如果在测量列中，发现有大于 3σ 的残余误差的测得值，即

$$|v_i|>3\sigma \tag{3.4-1}$$

则可以认为它含有粗大误差，应予剔除。

2）格拉布斯准则

设对某量做多次等精度独立测量，可得

$$\bar{x}_1,\bar{x}_2,\cdots,\bar{x}_n$$

当 x_i服从正态分布时，计算可得

$$\bar{x}=\frac{1}{n}\sum_{i=1}^{n}x_i$$

$$v_i=x_i-\bar{x}$$

$$\sigma=\sqrt{\frac{\sum\limits_{i=1}^{n}v_i^2}{n-1}}$$

为了检验 $x_i(i=1,2,\cdots,n)$ 中是否存在粗大误差，将 x_i按大小顺序排列成顺序统计量 $x_{(i)}$，而

$$x_{(1)}\leqslant x_{(2)}\leqslant\cdots\leqslant x_{(n)}$$

格拉布斯推导出 $g_{(n)}=\dfrac{x_{(n)}-\bar{x}}{\sigma}$及 $g_{(1)}=\dfrac{\bar{x}-x_{(1)}}{\sigma}$的分布，取定显著度 a（一般为 0.05 或 0.01），可得表 3.4-1 所列的临界值 $g_0(n,a)$，且有

$$P\left(\frac{x_{(n)}-\bar{x}}{\sigma}\geqslant g_0(n,a)\right)=a$$

及

$$P\left(\frac{\bar{x}-x_{(1)}}{\sigma}\geqslant g_0(n,a)\right)=a$$

表 3.4-1 格拉布斯（Grubbs）检验系数 g_0（n，a）

n	a = 0.05 $g_0(n,a)$	a = 0.01 $g_0(n,a)$	n	a = 0.05 $g_0(n,a)$	a = 0.01 $g_0(n,a)$
3	1.15	1.16	17	2.48	2.78
4	1.46	1.49	18	2.50	2.82
5	1.67	1.75	19	2.53	2.85
6	1.82	1.94	20	2.56	2.88
7	1.94	2.10	21	2.58	2.91
8	2.03	2.22	22	2.60	2.94
9	2.11	2.32	23	2.62	2.96
10	2.18	2.41	24	2.64	2.99
11	2.23	2.48	25	2.66	3.01
12	2.28	2.55	30	2.74	3.10
13	2.33	2.61	35	2.81	3.18
14	2.37	2.66	40	2.87	3.24
15	2.41	2.70	50	2.96	3.34
16	2.44	2.75	100	3.17	3.59

若认为 $x_{(1)}$ 可疑，则有

$$g_{(1)}=\frac{\bar{x}-x_{(1)}}{\sigma}$$

若认为 $x_{(n)}$ 可疑，则有

$$g_{(n)}=\frac{x_{(n)}-\bar{x}}{\sigma}$$

当

$$g_{(i)}\geqslant g_{(0)}(n,a) \tag{3.4-2}$$

即判别该测得值含有粗大误差，应予剔除。

3）罗曼诺夫斯基（Romanovsky）准则

当测量次数较少时，按 t 分布的实际误差分布范围来判别粗大误差较为合理。罗曼诺夫斯基准则又称 t 检验准则，其特点是首先剔除一个可疑的测得值，然后按 t 分布检验被剔除的测量值是否含有粗大误差。

设对某量做多次等精度独立测量，可得

$$\bar{x}_1,\bar{x}_2,\cdots,\bar{x}_n$$

若认为测量值 x_j 为可疑数据，将其剔除后计算平均值为（计算时不包括 x_j）：

$$\bar{x}=\frac{1}{n-1}\sum_{\substack{i=1\\i\neq j}}^{n}x_i$$

并求得测量列的标准差（计算时不包括 $v_j=x_j-\bar{x}$）：

$$\sigma=\sqrt{\frac{\sum\limits_{\substack{i=1\\i\neq j}}^{n}v_i^2}{n-2}}$$

根据测量次数 n 和选取的显著度 a，即可由表 3.4-2 查得 t 分布的检验系数 $K(n,a)$。

表 3.4-2　罗曼诺夫斯基检验系数 $K(n,a)$

n	$K(n,0.05)$	$K(n,0.01)$	n	$K(n,0.05)$	$K(n,0.01)$	n	$K(n,0.05)$	$K(n,0.01)$
4	4.97	11.46	13	2.29	3.23	22	2.14	2.91
5	3.56	6.53	14	2.26	3.17	23	2.13	2.90
6	3.04	5.04	15	2.24	3.12	24	2.12	2.88
7	2.78	4.36	16	2.22	3.08	25	2.11	2.86
8	2.62	3.96	17	2.20	3.04	26	2.10	2.85
9	2.51	3.71	18	2.18	3.01	27	2.10	2.84
10	2.43	3.54	19	2.17	3.00	28	2.09	2.83
11	2.37	3.41	20	2.16	2.95	29	2.09	2.82
12	2.33	3.31	21	2.15	2.93	30	2.08	2.81

若

$$|x_j-\bar{x}|>K\sigma \tag{3.4-3}$$

则认为测量值 x_j 含有粗大误差，剔除 x_j 是正确的，否则认为 x_j 不含有粗大误差，应予保留。

4）狄克松（Dixon）准则

狄克松准则采用极差比的方法，不需计算标准差。

狄克松研究了 $\bar{x}_1,\bar{x}_2,\cdots,\bar{x}_n$ 的顺序统计量 $x_{(i)}$ 的分布，当 x_i 服从正态分布时，得到 $x_{(n)}$ 的统计量的分布：

$$
\begin{cases}
r_{10}=\dfrac{x_{(n)}-x_{(n-1)}}{x_{(n)}-x_{(1)}} \\
r_{11}=\dfrac{x_{(n)}-x_{(n-1)}}{x_{(n)}-x_{(2)}} \\
r_{21}=\dfrac{x_{(n)}-x_{(n-2)}}{x_{(n)}-x_{(2)}} \\
r_{22}=\dfrac{x_{(n)}-x_{(n-2)}}{x_{(n)}-x_{(3)}}
\end{cases}
\tag{3.4-4}
$$

选定显著度 a，得到各统计量的 $r_0(n,a)$（表 3.4-3），当测量的统计值 r_{ij} 大于临界值时，则认为 $x_{(n)}$ 含有粗大误差。

表 3.4-3　狄克松检验系数 r

统计量	n	a = 0.01 $r_0(n,a)$	a = 0.05 $r_0(n,a)$	统计量	n	a = 0.01 $r_0(n,a)$	a = 0.05 $r_0(n,a)$
$r_{10}=\dfrac{x_{(n)}-x_{(n-1)}}{x_{(n)}-x_{(1)}}$ $\left(r_{10}=\dfrac{x_{(1)}-x_{(2)}}{x_{(1)}-x_{(n)}}\right)$	3	0.988	0.341	$r_{22}=\dfrac{x_{(n)}-x_{(n-2)}}{x_{(n)}-x_{(3)}}$ $\left(r_{22}=\dfrac{x_{(1)}-x_{(3)}}{x_{(1)}-x_{(n-2)}}\right)$	14	0.641	0.546
	4	0.889	0.765		15	0.616	0.525
	5	0.780	0.642		16	0.595	0.507
	6	0.698	0.560		17	0.577	0.490
	7	0.637	0.507		18	0.561	0.475
$r_{11}=\dfrac{x_{(n)}-x_{(n-1)}}{x_{(n)}-x_{(2)}}$ $\left(r_{11}=\dfrac{x_{(1)}-x_{(2)}}{x_{(1)}-x_{(n-1)}}\right)$	8	0.683	0.554		19	0.547	0.462
	9	0.635	0.512		20	0.535	0.450
	10	0.597	0.477		21	0.524	0.440
$r_{21}=\dfrac{x_{(n)}-x_{(n-2)}}{x_{(n)}-x_{(2)}}$ $\left(r_{21}=\dfrac{x_{(1)}-x_{(3)}}{x_{(1)}-x_{(n-1)}}\right)$	11	0.679	0.576		22	0.514	0.430
	12	0.642	0.546		23	0.505	0.421
	13	0.615	0.521		24	0.497	0.413
	—	—	—		25	0.489	0.406

对最小值 $x_{(1)}$，用同样的临界值进行检验，则有

$$\begin{cases} r_{10}=\dfrac{x_{(1)}-x_{(2)}}{x_{(1)}-x_{(n)}} \\ r_{11}=\dfrac{x_{(1)}-x_{(2)}}{x_{(1)}-x_{(n-1)}} \\ r_{21}=\dfrac{x_{(1)}-x_{(3)}}{x_{(1)}-x_{(n-1)}} \\ r_{22}=\dfrac{x_{(1)}-x_{(3)}}{x_{(1)}-x_{(n-2)}} \end{cases} \tag{3.4-5}$$

为了剔除粗大误差，狄克松认为

（1）$n\leqslant 7$ 时，使用 r_{10} 效果好；

（2）$8\leqslant n\leqslant 10$ 时，使用 r_{11} 效果好；

（3）$11\leqslant n\leqslant 13$ 时，使用 r_{21} 效果好；

（4）$n\geqslant 14$ 时，使用 r_{22} 效果好。

3σ 准则适用测量次数较多的测量列，一般情况下测量次数较少，因而这种判别准则的可靠性不高，但它使用方便，不需查表，故在要求不高时经常应用。对测量次数较少而要求较高的测量列，应采用格拉布斯准则、罗曼诺夫斯基准则或狄克松准则等，其中以格拉布斯准则的可靠性最高，通常测量次数 $n=20\sim100$，其判别效果较好。当测量次数很小时，可采用罗曼诺夫斯基准则。若需要从测量列中迅速判别含有粗大误差的测得值，可采用狄克松准则。

必须指出，按上述准则判别出测量列中有两个以上测得值含有粗大误差，此时只能首先剔除含有最大误差的测得值，然后重新计算测量列的算术平均值及其标准差，再对余下的测得值进行判别，依此程序逐步剔除，直至所有测得值皆不含粗大误差时为止。

第 4 章　误差合成与测量不确定度概述

任何测量都含有测量误差，这是测量过程中各个环节一系列误差因素共同作用的结果。如何正确分析和综合这些误差因素，并正确表述这些误差的综合影响，属于误差合成研究的基本内容。误差合成的方法在测量不确定度的评定中得到了借鉴应用。

4.1 误差合成

4.1.1 函数误差

有些情况下不能直接测量，或者直接测量难以保证测量精度，需要采用间接测量的方法。间接测量是通过直接测量与被测的量之间有一定函数关系的其他量，然后按照已知的函数关系计算出被测的量。因此，间接测量的量是直接测量所得的各个测量值的函数，而间接测量误差则是各个直接测量值误差的函数，故称这种误差为函数误差。研究函数误差，实质上就是研究误差的传递问题，而对于这种具有确定关系的误差计算，也称为误差合成。

即使是直接测量，分析清楚引起误差的各种影响因素，建立数学模型，描述测量结果与各种因素之间的关系，也可视为测量结果对各种因素的函数，各误差的综合影响可以采取同样的合成方法。

1）函数系统误差计算

在间接测量中，函数的形式主要为初等函数，且一般为多元函数，其表达式为

$$y=f(x_1,x_2,\cdots,x_n)$$

式中：$x_1,x_2,\cdots,x_n$为各个直接测量值；y为间接测量值。

由高等数学可知，对于多元函数，其增量可用函数的全微分表示，则上式的函数增量 $\mathrm{d}y$ 为

$$\mathrm{d}y=\frac{\partial f}{\partial x_1}\mathrm{d}x_1+\frac{\partial f}{\partial x_2}\mathrm{d}x_2+\cdots+\frac{\partial f}{\partial x_n}\mathrm{d}x_n \tag{4.1-1}$$

若已知各个直接测量值的系统误差 $\Delta x_1,\Delta x_2,\cdots,\Delta x_n$，由于这些误差值皆较小，可用来近似代替式（4.1-1）中的微分量 $dx_1,dx_2,\cdots,dx_n$，从而可以近似得到函数的系统误差 Δy：

$$\Delta y=\frac{\partial f}{\partial x_1}\Delta x_1+\frac{\partial f}{\partial x_2}\Delta x_2+\cdots+\frac{\partial f}{\partial x_n}\Delta x_n \tag{4.1-2}$$

式（4.1-2）称为函数系统误差公式，而$\partial f/\partial x_i(i=1,2,\cdots,n)$为各个直接测量值的误差传递函数。

例如，若函数形式为线性公式

$$y=a_1x_1+a_2x_2+\cdots+a_nx_n$$

则函数的系统误差为

$$\Delta y=a_1\Delta x_1+a_2\Delta x_2+\cdots+a_n\Delta x_n \tag{4.1-3}$$

式中，各个误差的传递系数 a_i为常数。

当 $a_i=1$ 时，则有

$$\Delta y=\Delta x_1+\Delta x_2+\cdots+\Delta x_n \tag{4.1-4}$$

当函数为各测量值之和时，其函数系统误差亦为各测量值系统误差之和。

2）函数随机误差计算

随机误差是用表征其取值分散程度的标准差来评定的，对于函数的随机误差，也是用函数的标准差来评定的。因此，函数随机误差计算就是研究函数 y 的标准差与各测量值 $x_1,x_2,\cdots,x_n$的标准差之间的关系。但在式（4.1-1）中，若以各测量值的随机误差 $\delta x_1,\delta x_2,\cdots,\delta x_n$代替各微分量 $dx_1,dx_2,\cdots,dx_n$，则只能得到函数的随机误差 δy，而不能得到函数的标准差 σ_y。因此，必须进行下列运算，以求得函数的标准差。

函数的一般形式为

$$y=f(x_1,x_2,\cdots,x_n)$$

为了求得用各个测量值的标准差表示函数的标准差公式，设对各个测量值皆进行了 N 次等精度测量，其相应的随机误差为

$$\begin{aligned}&\text{对 } x_1：\delta x_{11},\delta x_{12},\cdots,\delta x_{1N}\\&\text{对 } x_2：\delta x_{21},\delta x_{22},\cdots,\delta x_{2N}\\&\qquad\vdots\\&\text{对 } x_n：\delta x_{n1},\delta x_{n2},\cdots,\delta x_{nN}\end{aligned}$$

根据式（4.1-1），可得函数 y 的随机误差为

$$\begin{cases}\delta y_1=\dfrac{\partial f}{\partial x_1}\delta x_{11}+\dfrac{\partial f}{\partial x_2}\delta x_{21}+\cdots+\dfrac{\partial f}{\partial x_n}\delta x_{n1}\\ \delta y_2=\dfrac{\partial f}{\partial x_1}\delta x_{12}+\dfrac{\partial f}{\partial x_2}\delta x_{22}+\cdots+\dfrac{\partial f}{\partial x_n}\delta x_{n2}\\ \quad\vdots\\ \delta y_N=\dfrac{\partial f}{\partial x_1}\delta x_{1N}+\dfrac{\partial f}{\partial x_2}\delta x_{2N}+\cdots+\dfrac{\partial f}{\partial x_n}\delta x_{nN}\end{cases} \tag{4.1-5}$$

将式（4.1–5）中每个方程平方，可得

$$\begin{cases}\delta y_1^2=\left(\dfrac{\partial f}{\partial x_1}\right)^2\delta x_{11}^2+\left(\dfrac{\partial f}{\partial x_2}\right)^2\delta x_{21}^2+\cdots+\left(\dfrac{\partial f}{\partial x_n}\right)^2\delta x_{n1}^2+2\sum\limits_{1\leqslant i\leqslant j}^{n}\dfrac{\partial f}{\partial x_i}\dfrac{\partial f}{\partial x_j}\delta x_{i1}\delta x_{j1}\\ \delta y_2^2=\left(\dfrac{\partial f}{\partial x_1}\right)^2\delta x_{12}^2+\left(\dfrac{\partial f}{\partial x_2}\right)^2\delta x_{22}^2+\cdots+\left(\dfrac{\partial f}{\partial x_n}\right)^2\delta x_{n2}^2+2\sum\limits_{1\leqslant i\leqslant j}^{n}\dfrac{\partial f}{\partial x_i}\dfrac{\partial f}{\partial x_j}\delta x_{i2}\delta x_{j2}\\ \quad\vdots\\ \delta y_N^2=\left(\dfrac{\partial f}{\partial x_1}\right)^2\delta x_{1N}^2+\left(\dfrac{\partial f}{\partial x_2}\right)^2\delta x_{2N}^2+\cdots+\left(\dfrac{\partial f}{\partial x_n}\right)^2\delta x_{nN}^2+2\sum\limits_{1\leqslant i\leqslant j}^{n}\dfrac{\partial f}{\partial x_i}\dfrac{\partial f}{\partial x_j}\delta x_{iN}\delta x_{jN}\end{cases} \tag{4.1-6}$$

将式（4.1–6）中各方程相加，可得

$$\begin{aligned}&\delta y_1^2+\delta y_2^2+\cdots+\delta y_N^2=\\&\left(\frac{\partial f}{\partial x_1}\right)^2(\delta x_{11}^2+\delta x_{12}^2+\cdots+\delta x_{1N}^2)+\left(\frac{\partial f}{\partial x_2}\right)^2(\delta x_{21}^2+\delta x_{22}^2+\cdots+\delta x_{2N}^2)+\cdots+\\&\left(\frac{\partial f}{\partial x_n}\right)^2(\delta x_{n1}^2+\delta x_{n2}^2+\cdots+\delta x_{nN}^2)+2\sum_{1\leqslant i\leqslant j}^{n}\sum_{m=1}^{N}\left(\frac{\partial f}{\partial x_i}\frac{\partial f}{\partial x_j}\delta x_{im}\delta x_{jm}\right)\end{aligned} \tag{4.1-7}$$

将式（4.1–7）的各项除以 N，并根据式（3.2–40）可得

$$\sigma_y^2=\left(\frac{\partial f}{\partial x_1}\right)^2\sigma_{x1}^2+\left(\frac{\partial f}{\partial x_2}\right)^2\sigma_{x2}^2+\cdots+\left(\frac{\partial f}{\partial x_n}\right)^2\sigma_{xn}^2+2\sum_{1\leqslant i\leqslant j}^{n}\left(\frac{\partial f}{\partial x_i}\frac{\partial f}{\partial x_j}\frac{\sum\limits_{m=1}^{N}\delta x_{im}\delta x_{jm}}{N}\right)$$

若定义 $K_{ij}=\dfrac{\sum\limits_{m=1}^{N}\delta x_{im}\delta x_{jm}}{N}$、$\rho_{ij}=\dfrac{K_{ij}}{\sigma_{xi}\sigma_{xj}}$，或 $K_{ij}=\rho_{ij}\sigma_{xi}\sigma_{xj}$，则可得

$$\sigma_y^2 = \left(\frac{\partial f}{\partial x_1}\right)^2 \sigma_{x1}^2 + \left(\frac{\partial f}{\partial x_2}\right)^2 \sigma_{x2}^2 + \cdots + \left(\frac{\partial f}{\partial x_n}\right)^2 \sigma_{xn}^2 + 2\sum_{1\leqslant i\leqslant j}^{n}\left(\frac{\partial f}{\partial x_i}\frac{\partial f}{\partial x_j}\rho_{ij}\sigma_{xi}\sigma_{xj}\right) \tag{4.1-8}$$

式中：ρ_{ij}为第 i 个测量值和第 j 个测量值之间的误差相关系数。

根据式（4.1-8），可由各个测量值的标准差计算出函数的标准差，故称该式为函数随机误差公式，而$\partial f/\partial x_i(i=1,2,\cdots,n)$为各个测量值的误差传递系数。

若各测量值的随机误差是相互独立的，且当 N 适当大时，相关项 $K_{ij} = \dfrac{\sum\limits_{m=1}^{N}\sigma x_{im}\sigma x_{jm}}{N} = 0$，则相关系数$\rho_{ij}$也为 0，误差公式（4.1-8）可简化为

$$\sigma_y^2 = \left(\frac{\partial f}{\partial x_1}\right)^2 \sigma_{x1}^2 + \left(\frac{\partial f}{\partial x_2}\right)^2 \sigma_{x2}^2 + \cdots + \left(\frac{\partial f}{\partial x_n}\right)^2 \sigma_{xn}^2$$

$$\sigma_y = \sqrt{\left(\frac{\partial f}{\partial x_1}\right)^2 \sigma_{x1}^2 + \left(\frac{\partial f}{\partial x_2}\right)^2 \sigma_{x2}^2 + \cdots + \left(\frac{\partial f}{\partial x_n}\right)^2 \sigma_{xn}^2} \tag{4.1-9}$$

令$\partial f/\partial x_i = a_i$，则式（4.1-9）可写为

$$\sigma_y = \sqrt{a_1^2\sigma_{x_1}^2 + a_2^2\sigma_{x_2}^2 + \cdots + a_n^2\sigma_{x_n}^2} \tag{4.1-10}$$

各测量值随机误差间互不相关的情况较为常见，且当各相关系数很小时，也可近似地作不相关处理，因此式（4.1-9）或式（4.1-10）是较常用的函数随机误差公式。

当各个测量值的随机误差为正态分布时，式（4.1-10）中的标准差用极限误差代替，可得函数的极限误差公式为

$$\delta_{\lim} y = \pm\sqrt{a_1^2\delta_{\lim}^2 x_1 + a_2^2\delta_{\lim}^2 x_2 + \cdots + a_n^2\delta_{\lim}^2 x_n} \tag{4.1-11}$$

在多数情况下，$a_i = 1$，且函数形式较简单，即

$$y = x_1 + x_2 + \cdots + x_n$$

则函数的标准差为

$$\sigma_y = \sqrt{\sigma_{x_1}^2 + \sigma_{x_2}^2 + \cdots + \sigma_{x_n}^2} \tag{4.1-12}$$

函数的极限误差为

$$\delta_{\lim} y = \pm\sqrt{\delta_{\lim}^2 x_1 + \delta_{\lim}^2 x_2 + \cdots + \delta_{\lim}^2 x_n} \tag{4.1-13}$$

3）误差间的相关关系和相关系数

在函数误差及其他误差的合成计算时，各误差间的相关性对计算结果有直接影响。例如，式（4.1-8）中的相关项反映了各随机误差相互间的线性关联

对函数总误差的影响大小。当相关系数 $\rho_{ij}=0$ 时，则式（4.1-8）简化为式（4.1-10）的常用函数随机误差传递公式。但若 $\rho_{ij}=1$，则式（4.1-8）又可简化为

$$\begin{aligned}\sigma_y &= \sqrt{a_1^2\sigma_{x1}^2 + a_2^2\sigma_{x2}^2 + \cdots + a_n^2\sigma_{xn}^2 + 2\sum_{1\leqslant i<j}^{n} a_i a_j \sigma_{xi}\sigma_{xj}} \\ &= a_1\sigma_{x1} + a_2\sigma_{x2} + \cdots + a_n\sigma_{xn}\end{aligned} \tag{4.1-14}$$

式（4.1-10）表明，当相关系数 $\rho_{ij}=1$ 时，函数随机误差则具有线性的传递关系。

以上分析结果充分说明，误差间的相关性与误差合成有密切关系。虽然通常所遇到的测量实践多属误差间线性无关或近似线性无关，但线性相关的也常见。当各误差间相关或相关性不能忽略时，必须先求出各个误差间的相关系数，然后才能进行误差合成计算。因此，正确处理误差间的相关问题，有其重要意义。

（1）误差间的线性相关关系。

误差间的线性相关关系是指它们具有线性依赖关系，这种依赖关系有强有弱。联系最强时，在平均意义上，一个误差的取值完全决定了另一个误差的取值，此时两误差间具有确定的线性函数关系。当两误差间的线性依赖关系最弱时，一个误差的取值与另一个误差的取值无关，这是互不相关的情况。

一般两误差间的关系是上述两种极端情况之间，既有联系而又不具有确定性关系。此时，线性依赖关系是指在平均意义上的线性关系，即一个误差值随另一个误差值的变化具有线性关系的倾向，但两者取值又不服从确定的线性关系，而具有一定的随机性。

（2）相关系数。

两误差间有线性关系时，其相关性强弱由相关系数来反映，在误差合成时应求得相关系数，并计算出相关项大小。

若两误差 ξ 与 η 之间的相关系数为 ρ，根据式（4.1-8）中的相关系数定义，则有

$$\rho=\frac{K_{\xi\eta}}{\sigma_\xi\sigma_\eta}=\frac{D_{\xi\eta}}{\sigma_\xi\sigma_\eta} \tag{4.1-15}$$

式中：$D_{\xi\eta}$ 为误差 ξ 与 η 之间的协方差；σ_ξ,σ_η 分别为误差 ξ 与 η 的标准差。

根据概率论可知，相关系数的取值范围为

$$-1\leqslant\rho\leqslant+1$$

当 $0<\rho<1$ 时，两误差 ξ 与 η 正相关，即一个误差增大时，另一个误差的取值平均地增大。

当$-1<\rho<0$时，两误差ξ与η负相关，即一个误差增大时，另一个误差的取值平均地减小。

当$\rho=+1$时，称为完全正相关；$\rho=-1$时，称为完全负相关。此时两误差ξ与η之间存在着确定的线性函数关系。

当$\rho=0$时，两误差间无线性关系或称不相关，即一个误差增大时，另一个误差的取值可能增大，也可能减小。

由上面的讨论可知，相关系数确实可表示两个误差ξ与η之间线性相关的密切程度，ρ越接近 0，ξ与η之间的线性相关程度越小；反之，$|\rho|$取值越大、越接近 1，ξ与η之间的线性相关程度越为密切。值得注意的是，相关系数只表示两误差的线性关系的密切程度，当ρ很小甚至等于 0 时，两误差间不存在线性关系，但并不表示它们之间不存在其他的函数关系。

确定两误差间的相关系数是比较困难的，通常可采用以下几种方法。

1）直接判断法

通过两误差之间关系的分析，直接确定相关系数ρ。如两误差不可能有联系或联系微弱时，则确定$\rho=0$；如一个误差增大，另一个误差成比例地增大，则确定$\rho=1$。

2）试验观察法

在某些情况下可直接测量两误差的多组对应值(ξ_i,η_i)，用多组测量的对应值(ξ_i,η_i)作图，将它与图 4.1-1 的标准图形对比，看它与哪一图相接近，从而确定相关系数的近似值。

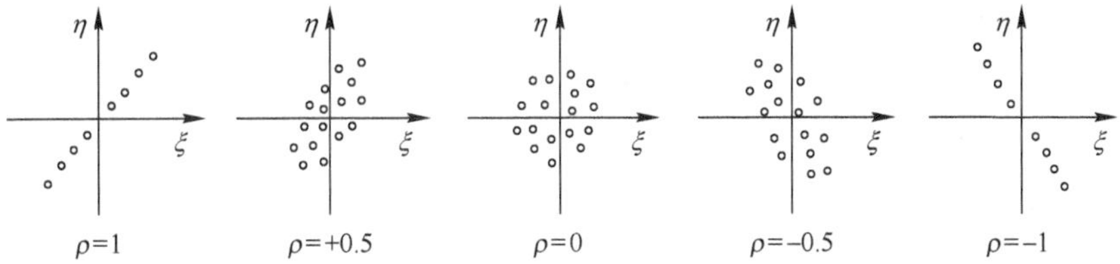

图 4.1-1　试验观察法图

3）简单计算法

将多组测量的对应值(ξ_i,η_i)在平面坐标上作图，如图 4.1-2 所示，然后作平行于纵轴的直线 A 将点阵左右均分，再作平行于横轴的直线 B 将点阵上下均分，并尽量使 A、B 线上无点，于是将点阵分为四部分，设各部分的点数分别为n_1、n_2、n_3、n_4，则可以证明相关系数为

$$\rho \approx -\cos\left[\frac{n_1 + n_3}{\sum n}\right] \tag{4.1-16}$$

式中：$\sum n = n_1 + n_2 + n_3 + n_4$。

4）直接计算法

根据多组测量的对应值(ξ_i,η_i)，按相关系数的定义直接计算，可得

$$\rho = \frac{\sum(\xi_i - \bar{\xi})(\eta_i - \bar{\eta})}{\sqrt{\sum(\xi_i - \bar{\xi})^2}\sqrt{\sum(\eta_i - \bar{\eta})^2}} \tag{4.1-17}$$

式中：$\bar{\xi}$和$\bar{\eta}$分别为ξ_i和η_i的均值。

5）理论计算法

有些误差间的相关系数可根据概率论和最小二乘法直接求出。如果求得两个误差ξ与η间为线性相关，即$\xi=a\eta+b$，则相关系数为

$$\rho=\begin{cases}+1, & a>0\\ -1, & a<0\end{cases} \tag{4.1-18}$$

以上讨论了误差之间相关系数的各种求法，根据具体情况可采用不同的方法，一般先在理论上探求，若达不到目的，对于数值小或一般性的误差间的相关系数可用直观判断法；对于数值大或重要的误差间的相关系数宜采用多组成对观测，并根据情况采用不同的计算方法。

4.1.2 随机误差的合成

随机误差具有随机性，其取值是不可预知的，并用测量的标准差或极限误差来表征其取值的分散程度。随机误差的合成采用方和根的方法，同时还要考虑各个误差传递系数和误差间的相关性影响。

1）标准差的合成

全面分析测量过程中影响测量结果的各个误差因素，若有q个单项随机误差，它们的标准差分别为$\sigma_1,\sigma_2,\cdots,\sigma_q$，其相应的误差传递系数为$a_1,a_2,\cdots,a_q$。这些误差传递系数是由测量的具体情况来确定的，例如对间接测量可按式（4.1-8）求得，对直接测量则根据各个误差因素对测量结果的影响情况来确定。

根据方和根的运算方法，各个标准差合成后的总标准差为

$$\sigma = \sqrt{\sum_{i=1}^{q}(a_i\sigma_i)^2 + 2\sum_{1\leq i<j}^{q}\rho_{ij}a_ia_j\sigma_i\sigma_j} \tag{4.1-19}$$

一般情况下各个误差互不相关，相关系数$\rho_{ij}=0$时，则有

$$\sigma = \sqrt{\sum_{i=1}^{q} (a_i\sigma_i)^2} \tag{4.1-20}$$

用标准差合成有明显的优点，不仅简单方便，而且无论各单项随机误差的概率分布如何，只要给出各个标准差，均可按式（4.1-19）或式（4.1-20）计算总的标准差。

2）极限误差的合成

在测量实践中，各个单项随机误差和测量结果的总误差也常以极限误差的形式来表示，因此极限误差的合成也较常见。

用极限误差来表示随机误差，有明确的概率意义。极限误差合成时，各单项极限误差应取同一置信概率。若已知各单项极限误差为 $\delta_1,\delta_2,\cdots,\delta_q$，且置信概率相同，则按方和根法合成的总极限误差为

$$\delta = \pm\sqrt{\sum_{i=1}^{q} (a_i\delta_i)^2 + 2\sum_{1\leqslant i<j}^{q} \rho_{ij}a_ia_j\delta_i\delta_j} \tag{4.1-21}$$

式中：a_i为各极限误差传递系数；ρ_{ij}为任意两误差间的相关系数。

一般情况下，已知的各单项极限误差的置信概率可能不相同，不能按式（4.1-21）进行极限误差合成。应根据各单项误差的分布情况，引入置信系数，先将误差转换为标准差，再极限误差合成。

对单项极限误差为

$$\delta_i = \pm t_i\sigma_i,\quad i=1,2,\cdots,q \tag{4.1-22}$$

式中：σ_i为各单项随机误差的标准差；t_i为各单项极限误差的置信系数。

总的极限误差为

$$\delta = \pm t\sigma \tag{4.1-23}$$

式中：σ 为合成后的总标准差；t 为合成后总极限误差的置信系数。

将式（4.1-19）代入式（4.1-23），可得

$$\delta = \pm t\sqrt{\sum_{i=1}^{q} (a_i\sigma_i)^2 + 2\sum_{1\leqslant i<j}^{q} \rho_{ij}a_ia_j\sigma_i\sigma_j} \tag{4.1-24}$$

根据式（4.1-22），可得一般的极限误差合成公式为

$$\delta = \pm t\sqrt{\sum_{i=1}^{q} \left(\frac{a_i\delta_i}{t_i}\right)^2 + 2\sum_{1\leqslant i<j}^{q} \rho_{ij}a_ia_j\frac{\delta_i}{t_i}\frac{\delta_j}{t_j}} \tag{4.1-25}$$

根据已知的各单项极限误差和所选取的各个置信系数，即可按式（4.1-25）进行极限误差的合成。但必须注意，式（4.1-25）中的各个置信系数不仅与置信概率有关，而且与随机误差的分布有关。也就是说，对于相同分布的误差，选定相同的置信概率，其相应的各个置信系数相同；对于不同分布的误差，即使选定相同的置信概率，其相应的各个置信系数也不相同。由

此可知，式（4.1-25）中的置信系数$t_1, t_2, \cdots, t_q$一般来说并不相同。对合成后的总误差的置信系数t，当各单项误差的数目q较多时，合成的总误差接近正态分布，因此可按正态分布来确定t值。

当单个单项随机误差均服从正态分布时，式（4.1-25）中的各个置信系数完全相同，即$t_1=t_2=\cdots=t_q=t$，则式（4.1-25）可简化为

$$\delta = \pm \sqrt{\sum_{i=1}^{q} (a_i\delta_i)^2 + 2\sum_{1\leqslant i<j}^{q} \rho_{ij}a_ia_j\delta_i\delta_j} \tag{4.1-26}$$

一般情况下，$\rho_{ij}=0$时，式（4.1-26）可简化为

$$\delta = \pm \sqrt{\sum_{i=1}^{q} (a_i\delta_i)^2} \tag{4.1-27}$$

式（4.1-27）具有十分简单的形式，由于各单项误差大多服从正态分布或假设近似服从正态分布，而且它们之间常是线性无关或近似线性无关，因此式（4.1-27）是较为广泛使用的极限误差合成公式。

4.1.3 系统误差的合成

系统误差的大小是评定测量准确度高低的标志，系统误差越大，准确度越低；反之，准确度越高。

系统误差具有确定的变化规律，不论其变化规律如何，根据对系统误差的掌握程度，可分为已定系统误差和未定系统误差。由于这两种系统误差的特征不同，其合成方法也不同。

已定系统误差是指误差大小和方向均已确切掌握了的系统误差。在测量过程中，若有r个单项已定系统误差，其误差值分别为$\Delta_1, \Delta_2, \cdots, \Delta_r$，相应的误差传递系数为$a_1, a_2, \cdots, a_r$，则按代数和法进行合成，求得总的已定系统误差为

$$\Delta = \sum_{i=1}^{r} a_i\Delta_i \tag{4.1-28}$$

在实际测量中，有不少已定系统误差在测量过程中均已消除，由于某些原因未予消除的已定系统误差也只是有限的少数几项，它们按代数和法合成后，还可以从测量结果中修正，故最后的测量结果中一般不再包含已定系统误差。

未定系统误差是指误差大小和方向未能确切掌握，或不必花费过多精力去掌握，而只能或只需估计出其不致超过某一极限范围$\pm e_i$的系统误差。也就是说，在一定条件下客观存在的某一系统误差，一定是落在所估计的误差区间$(-e_i, e_i)$内的一个取值。当测量条件改变时，该系统误差又是误差区间$(-e_i, e_i)$内的另一个取值。而当测量条件在某一范围内多次改变时，未定系统误差也随

之改变，其相应的取值在误差区间$(-e_i, e_i)$内服从某一概率分布。对于某一单项未定系统误差，其概率分布取决于该误差源变化时所引起的系统误差变化规律。理论上此概率分布是可知的，但实际上常较难求得。目前对未定系统误差的概率分布，均是根据测量实际情况的分析与判断来确定的，并采用两种假设：一种是按正态分布处理；另一种是按均匀分布处理。

对于某一单项未定系统误差的极限范围，是根据该误差源具体情况的分析与判断而做出估计的，其估计结果是否符合实际，往往取决于对误差源具体情况的掌握程度以及测量人员的经验和判断能力。但对于某些未定系统误差的极限范围是较容易确定的，例如在检定工作中，所使用的标准计量器具误差，它对检定结果的影响属于未定系统误差，而此误差值一般是已知的。

未定系统误差在测量条件不变时有一恒定值，多次重复测量时其值固定不变，因而不具有抵偿性，利用多次重复测量取算术平均值的办法不能减小它对测量结果的影响，这是它与随机误差的重要差别。但是当测量条件改变时，由于未定系统误差的取值在某一极限范围内具有随机性，并且服从一定的概率分布，这些特征均与随机误差相同，因此评定它对测量结果的影响也应与随机误差相同，即采用标准差或极限误差来表征未定系统误差取值的分散程度。

若测量过程中存在若干项未定系统误差，应正确地将这些未定系统误差进行合成，以求得最后结果。

由于未定系统误差的取值具有随机性，并且服从一定的概率分布，因此若干项未定系统误差综合作用时，它们之间就具有一定的抵偿作用。这种抵偿作用与随机误差的抵偿作用相似，因而未定系统误差的合成完全可以采用随机误差的合成公式，这就给测量结果的处理带来很大方便。对于某一项误差，当难以严格区分为随机误差或未定系统误差时，因为不论作哪一种误差处理，最后总误差的合成结果均相同，故可将该项误差当作一种误差来处理。

1）标准差的合成

若测量过程中有 s 个单项已定系统误差，它们的标准差分别为 $u_1, u_2, \cdots, u_s$，其相应的误差传递系数为 $a_1, a_2, \cdots, a_s$，则合成后未定系统误差的总标准差为

$$u = \sqrt{\sum_{i=1}^{s}(a_i u_i)^2 + 2\sum_{1 \leqslant i < j}^{s} \rho_{ij} a_i a_j u_i u_j} \tag{4.1-29}$$

当 $\rho_{ij}=0$ 时，则有

$$u=\sqrt{\sum_{i=1}^{s}(a_iu_i)^2} \tag{4.1-30}$$

2）极限误差的合成

因为单个单项未定系统误差的极限误差为

$$e_i=\pm t_iu_i,\quad i=1,2,\cdots,s \tag{4.1-31}$$

总的未定系统误差的极限误差为

$$e=\pm tu \tag{4.1-32}$$

则可得

$$e=\pm t\sqrt{\sum_{i=1}^{s}(a_iu_i)^2+2\sum_{1\leqslant i<j}^{s}\rho_{ij}a_ia_ju_iu_j} \tag{4.1-33}$$

或

$$e=\pm t\sqrt{\sum_{i=1}^{s}\left(u_i\frac{a_ie_i}{t_i}\right)^2+2\sum_{1\leqslant i<j}^{s}\rho_{ij}a_ia_j\frac{e_i}{t_i}\frac{e_j}{t_j}} \tag{4.1-34}$$

当单个单项未定系统误差均服从正态分布，且 $\rho_{ij}=0$ 时，则式（4.1-34）可简化为

$$e=\pm\sqrt{\sum_{i=1}^{s}(a_ie_i)^2} \tag{4.1-35}$$

4.1.4 系统误差与随机误差的合成

当测量过程中存在各种不同性质的多项系统误差与随机误差，应将其进行综合，以求得测量结果的总误差，并常用极限误差来表示，有时也可用标准差来表示。

1）按极限误差合成

若测量过程中有 r 个单项已定系统误差，s 个单项未定系统误差，q 个单项随机误差，它们的误差值或极限误差分别为

$$\Delta_1,\Delta_2,\cdots,\Delta_r$$
$$e_1,e_2,\cdots,e_s$$
$$\delta_1,\delta_2,\cdots,\delta_q$$

为方便计算，设各个误差传递系数均为 1，则测量结果总的极限误差为

$$\Delta_{总}=\sum_{i=1}^{r}\Delta_i\pm t\sqrt{\sum_{i=1}^{s}\left(\frac{e_i}{t_i}\right)^2+\sum_{i=1}^{q}\left(\frac{\delta_i}{t_i}\right)^2+R} \tag{4.1-36}$$

式中：R 为各个误差间协方差之和。

当各个误差均服从正态分布，且各个误差间互不相关时，式（4.1-36）

可简化为

$$\Delta_{总} = \sum_{i=1}^{r} \Delta_i \pm \sqrt{\sum_{i=1}^{s} e_i^2 + \sum_{i=1}^{q} \delta_i^2} \tag{4.1-37}$$

一般情况下，已定系统误差经修正后，测量结果总的极限误差就是总的未定系统误差与总的随机误差的均方根，即

$$\Delta_{总} = \pm \sqrt{\sum_{i=1}^{s} e_i^2 + \sum_{i=1}^{q} \delta_i^2} \tag{4.1-38}$$

由式（4.1-37）和式（4.1-38）可以看出，当多项未定系统误差和随机误差合成时，对某一项误差不论作哪一种误差处理，其最后的合成结果均相同。但必须注意，对于单次测量，可直接按上式求得最后结果的总误差，但对于多次重复测量，由于随机误差具有抵偿性，而系统误差则固定不变，因此总误差合成公式中的随机误差项应除以重复测量次数 n，即测量结果平均值的总极限误差公式为

$$\Delta_{总} = \pm \sqrt{\sum_{i=1}^{s} e_i^2 + \frac{1}{n}\sum_{i=1}^{q} \delta_i^2} \tag{4.1-39}$$

由式（4.1-39）可知，在单次测量的总误差合成中，不需严格区分各个单项误差为未定系统误差或随机误差，而在多次重复测量的总误差合成中，则必须严格区分各个单项误差的性质。

2）按标准差合成

若用标准差来表示系统误差与随机误差的合成公式，则只需考虑未定系统误差与随机误差的合成问题。

若测量过程中有 s 个单项未定系统误差，q 个单项随机误差，它们的标准差分别为

$$u_1, u_2, \cdots, u_s$$
$$\sigma_1, \sigma_2, \cdots, \sigma_q$$

为计算方便，设各个误差传递系数均为 1，则测量结果总的标准差为

$$\sigma = \sqrt{\sum_{i=1}^{s} u_i^2 + \sum_{i=1}^{q} \sigma_i^2 + R} \tag{4.1-40}$$

式中：R 为各个误差间协方差之和。

当各个误差间互不相关时，式（4.1-40）可简化为

$$\sigma = \sqrt{\sum_{i=1}^{s} u_i^2 + \sum_{i=1}^{q} \sigma_i^2} \tag{4.1-41}$$

与极限误差合成的理由相同，对于单次测量，可直接按式（4.1-41）求得最后结果的总标准差，但对于 n 次重复测量，测量结果平均值的总标准差公

式为

$$\sigma = \sqrt{\sum_{i=1}^{s} u_i^2 + \frac{1}{n}\sum_{i=1}^{q} \sigma_i^2} \tag{4.1-42}$$

4.1.5 微小误差取舍准则

测量过程包含多种误差时，往往有的误差对测量结果总误差的影响很小。当这种误差小到一定程度后，计算测量结果总误差时可不予考虑，则称这种误差为微小误差。为了确定误差小到什么程度才能作为微小误差而予以舍去，就需要给出一个微小误差的取舍准则。

若已知测量结果的标准差为

$$\sigma_y = \sqrt{D_1^2 + D_2^2 + \cdots + D_{k-1}^2 + D_k^2 + D_{k+1}^2 + \cdots + D_n^2}$$

将其中的部分误差 D_k 取出后，可得

$$\sigma_y' = \sqrt{D_1^2 + D_2^2 + \cdots + D_{k-1}^2 + D_{k+1}^2 + \cdots + D_n^2}$$

若有 $\sigma_y \approx \sigma_y'$，则称 D_k 为微小误差，在计算测量结果总误差时可予以舍去。

对于一般精度的测量，测量误差的有效数字取一位。在此情况下，若将某项部分误差舍去后，满足

$$\sigma_y - \sigma_y' \leqslant (0.1 \sim 0.05)\sigma_y \tag{4.1-43}$$

则对测量结果的误差计算没有影响。

解此式得

$$D_k \leqslant (0.4 \sim 0.3)\sigma_y \tag{4.1-44}$$

因此，满足次条件只需取

$$D_k \leqslant \frac{1}{3}\sigma_y \tag{4.1-45}$$

对于比较精密的测量，误差的有效数字可取两位，则有

$$\sigma_y - \sigma_y' \leqslant (0.01 \sim 0.005)\sigma_y \tag{4.1-46}$$

由此可得

$$D_k \leqslant (0.14 \sim 0.1)\sigma_y \tag{4.1-47}$$

满足此条件需取

$$D_k \leqslant \frac{1}{10}\sigma_y \tag{4.1-48}$$

因此，对于随机误差和未定系统误差，微小误差舍去准则是被舍去的误差必须小于或等于测量结果总误差的 1/3（总误差保留一位有效数字时）或

1/10（总误差保留两位有效数字时）。

微小误差取舍准则在总误差计算和选择高一级标准量等方面都有实际意义。计算总误差时，若发现有微小误差，可不考虑该误差对总误差的影响。选择高一级精度的标准器具时，其误差应为被检器具允许误差的 1/3 以内，如果要求更高的场合，其误差应为被检器具允许误差的 1/10 以内。

4.2　测量不确定度概述

4.2.1　测量不确定度概念的由来和发展

测量不确定度的概念是在 1963 年由原美国国家标准局（NBS）的数理统计专家埃森哈特（Eisenhart）在研究“仪器校准系统的精密度和准确度的估计”时首次提出的，并在当时国际上受到普遍关注。20 世纪 70 年代，NBS 通过研究和推广测量保证方案（MAP）时，又推动了不确定度的定量表示。1970 年 NBS 进一步提出了不确定度的定量表示方法。不确定度的概念就此逐渐被应用于测量领域，但由于表示方法各不相同，又没有统一的规范，测量不确定度的应用并没有完全被接受。

为了统一各国之间对测量不确定度运用表示的一致性，国际计量局（BIPM）就此征集了 32 个国家的国家计量研究院和 5 个国际组织的意见，最终推荐采用测量不确定度来评定测量结果的建议书 INC-1（1980 年），并在 1981 年第 70 届国际计量委员会（CIPM）上讨论通过，该建议书推广了测量不确定度的表示原则。在此基础上，1986 年国际计量委员会要求不同领域的 7 个国际组织（BIPM、IEC、ISO、OIML、IUPAP、IUPAC、IFCC）专门起草了关于测量不确定度评定的指导性文件，历经七年才于 1993 年以共同名义联合发布了《测量不确定度表示指南》（Guide to the expression of uncertainty in measurement，GUM），以及第二版《国际通用计量学基本术语》（International vocabulary of basic and general terms in metrology，VIM）；1995 年又发布了 GUM 的修订版。至今，这两份文件仍是测量不确定度评定普遍应用于全世界的根本。自出版以来更是得到了各国的发行与应用，现已被译成中文、法文、德文等多国版本，是国际组织规定的重要权威文献，也是各国相继制定不确定度评定的指南与标准。

1997 年，上述 7 个国际组织创立了计量学指南联合委员会（JCGM），以便能够进一步推广 GUM 和 VIM 的使用，并且在此前提下制定相关补充文件，在通用术语定义、相关概念、评定方法和报告的表达形式等方面都有明确、统一的规定，保证 GUM 的评定方法能随着科技的发展不断完善，以便应用于更多领域。我国紧跟国际步伐，于 1998 年在 VIM 基础上发布了国家计量技术规范 JJF 1001—1998《通用计量术语及定义》。1999 年发布了国家计量技术规范 JJF 1059—1999《测量不确定度评定与表示》，适用于国家计量基准、标准物质、测量及测量方法、计量认证和实验认可、测量仪器的校准和检定、生产过程的质量保证和产品的检验和测试、贸易结算，以及资源测量等测量技术领域。JJF 1059—1999 完全遵从 GUM 中测量不确定度的评定和表示方法。JJF 1001—1998 和 JJF 1059—1999 是我国测量不确定度评定的最基础的两个指导文件。

随着科学技术的快速发展及计量工作的不断完善规范，2005 年国际实验室认可合作组织（ILAC）也加入了该联合委员会，由 8 个国际组织联合发布相关文件。相继于 2007 年发布了 ISO/IEC Guide 99—2007《国际计量学基本词汇——基本通用概念和术语》（VIM），2008 年发布了 ISO/IEC Guide 98-3：2008《测量不确定度表示指南》（GUM）。为了与国际接轨，并总结我国十几年来应用测量不确定度评定方法的经验以及进一步规范测量不确定度评定方法的使用，我国国家质检局也重新组织修订了 JJF 1059—1999，修订后的 JJF 1059. 1—2012《测量不确定度评定与表示》充分贯彻了 ISO/IEC Guide 98-3：2008 的宗旨，基于 ISO/IEC Guide 98 的第三部分补充文件 ISO/IEC Guide 98-3/Suppl-1，JJF 1059—2012 增加了第二部分 JJF 1059. 2—2012《用蒙特卡罗评定测量不确定度》。

4.2.2 测量不确定度的内涵

被测量不能确定的范围称为“测量不确定度”，它是测量结果含有的一个参数，用以表示被测量值的分散性。

不确定度（Uncertainty）的含义为“变化、不可靠、不确知、不确定”，表达的是怀疑或不肯定程度。广义上说，测量结果的不确定度反映了人们对测量结果不能肯定的程度，或是对测量结果正确性的可疑程度，也是人们对真值所处范围或测量误差可能的范围的一种估计。

一个完整的测量结果应包含被测量值的估计与分散性参数两部分。例如，被测量 Y 的测量结果为 $y \pm U$，其中 y 是被测量值的估计，它具有的测量不确定度为 U。显然，在测量不确定度的定义下，被测量的测量结果所表示的并非为一个确定的值，而是分散的无限个可能值所处的一个区间 $(y-U, y+U)$。

传统意义上，测量不确定度是被测量真值所处范围的估计值，但是真值是不存在的，是难以达到的理想值。JJF 1059. 1—2012《测量不确定度评定与表示》对测量不确定度的定义：根据所用到的信息，表征赋予被测量值分散性的非负数。而在 JJF 1059—1999 中的定义是：表征合理地赋予被测量之值的分散性，与测量结果相联系的参数。注意，“赋予”这个词很关键：由于测量不确定度是表示测量分散性的参数，是一个“模糊”的范围，它的边界需要人“赋予”，因此，这种“赋予”不可避免地要取决于评定者的主观意识（资源、信息、能力、经验）以及客观需求（精密度要求、置信度要求、风险性要求）。这种“赋予”应是合理的，要求符合统计规律，符合实际情况，符合 JJF 1059. 1—2012 的规定。

根据测量不确定度的定义，在测量实践中如何对测量不确定度进行合理的评定，这是必须解决的基本问题。对于一个实际测量过程，影响测量结果的精度有多方面因素，因此，测量不确定度一般包含若干个分量，各不确定度分量无论其性质如何，皆可用两类方法进行评定，即 A 类评定和 B 类评定。其中一些分量由一系列观测数据的统计分析来评定，称为 A 类评定；另一些分量不是用一系列观测数据的统计分析法，而是基于经验或其他信息所认定的概率分布，并假定存在近似的“标准偏差”来评定，称为 B 类评定。所有的不确定度分量均用标准差表征，它们或是由随机性因素引起，或是由未定系统性因素引起，都对测量结果的分散性产生相应的影响。A 类评定和 B 类评定可以通过合成的方法得到总的不确定度，表达测量结果的不确定范围。

由此可见，测量不确定度表达了测量值的分散性，是一个说明被测量之值分散性的参数，并且仅表示分散性而不表示系统性偏差。因此，如发现测量值中有显著的系统性偏差，要加以修正。未知的系统性偏差可作为分散性处理。

测量不确定度反映了随机误差分量和未定系统误差分量的联合分布范围。它可近似理解为一定概率的误差极限值，以及与一定置信概率相关联的误差分布基本宽度的一半。不确定度可由误差理论求得，其中用标准偏差表示的称为标准不确定度。测量结果的可用性很大程度上取决于不确定度的大小。因此，测量结果表述必须同时包含赋予被测量的值及与该值相关的测量不确定度，才是完整且有意义的。

4.2.3　误差与测量不确定度的区别与联系

误差与测量不确定度是误差理论中两个重要概念，它们具有相同点，都是评价测量结果质量高低的重要指标，都可作为测量结果的精度评定参数。但它们又有明显的区别，必须正确认识和区分，以免混淆和误用。

（1）从定义上看，误差是测量结果与真值之差，它以真值（或约定真值）为中心，表明测量结果偏离真值的程度。它应该是一个确定的值，但由于一般情况下真值的不可知性，只能在特定的条件下寻求最佳的真值近似值（即所谓的约定真值），因此定量难度大；而测量不确定度是以被测量的估计值为中心，避免了作为理想概念而不可知的真值，反映了人们对测量认识不足的程度，较之测量误差更便于量化评定。

（2）从分类上看，误差按照自身特征和性质分为系统误差、随机误差和粗大误差，并可采取不同的措施来减小或抑制各类误差对测量的影响。但由于各类误差之间并不存在绝对界限，在一定条件下会相互转化，在分类判别和误差计算时不易准确掌握，从而给数据的分析和处理带来一定的困难；测量不确定度不按性质分类，而是按照评定方法分为 A 类评定和 B 类评定，两类评定方法不分优劣，按实际情况的可能性加以选用。由于不确定度的评定不论影响不确定度因素的来源和性质，只考虑影响结果的评定方法，从而简化了分量，便于评定和计算。

（3）从可操作性上看，测量不确定度可以根据实验数据、现象、资料和经验等信息进行评定，可以定量确定测量不确定度的值；而误差由于真值的不可知性，用约定真值代替真值时，得到的仅仅是测量误差的估计值。

（4）从数值符号上看，测量不确定度是一个无符号的参数，当由方差求得时，取其正平方根；误差是确定数值，有正有负，用（±）表示时，既不恰当，也与定义相悖。

（5）从合成方法上看，当测量不确定度的各分量彼此独立时，用方和根法进行合成，否则，应考虑加入相关项；而测量误差是各分量的代数和。

（6）从对测量结果的修正上看，测量不确定度不能直接用于对测量结果进行修正；而对误差而言，已知系统误差的估计值时，可以对测量结果直接进行修正。

（7）从置信概率上看，对于测量不确定度，当了解了分布时，可按置信概率给出置信区间；对于误差，只有随机误差存在置信概率，最后结果很难用置信概率表示清楚。

（8）从发展上看，用测量不确定度代替误差对测量结果进行表达，易于理解、便于评定，具有合理性和实用性，可以说，不确定度概念及其评价体系是对传统误差理论研究的发展。

综合起来，测量误差和测量不确定的区别如表 4. 2-1 所列。

表 4.2-1　测量误差和测量不确定的主要区别

序号	内容	测量误差	测量不确定度
1	定义	表明测量结果偏离真值，是一个确定的值。在数轴上表示为一个点	表明被测量之值的分散性。用标准偏差、标准偏差的倍数或说明了置信水准的区间的半宽度来表示。在数轴上表示为一个区间
2	分类	按出现于测量结果中的规律，分为随机误差和系统误差，它们都是无限多次测量的理想概念	按是否用统计方法求得，分为 A 类评定和 B 类评定。它们都以标准不确定度表示。 在评定测量不确定度时，一般不必区分其性质。若需要区分时，应表述为“由随机效应引入的测量不确定度分量”和“由系统效应引入的测量不确定度分量”
3	可操作性	由于真值未知，往往无法得到测量误差的值。当用约定真值代替真值时，可以得到测量误差的估计值	测量不确定度可以由人们根据实验、资料、经验等信息进行评定，从而可以定量确定测量不确定度的值
4	数值符号	非正即负（或 0），不能用（±）表示	是一个无符号的参数，恒取正值。当用方差求得时，取其正平方根
5	合成方法	各误差分量的代数和	当各分量彼此不相关时用方和根法合成，否则应考虑加入相关项
6	结果修正	已知系统误差的估计值时，可以对测量结果进行修正。修正值等于负的系统误差	由于测量不确定度是一个区间，因此无法用测量不确定度对测量结果进行修正。对已修正测量结果进行不确定度评定时，应考虑修正不完善引入的不确定度分量
7	结果说明	误差是客观存在的，不以人的认识程度而转移。误差属于给定的测量结果，相同的测量结果具有相同的误差，而与得到该测量结果的仪器和测量方法无关	测量不确定度与人们对被测量、影响量以及测量过程的认识有关。在相同条件下进行测量时，合理赋予被测量的任何值，均具有相同的测量不确定度。即测量不确定度仅与测量方法有关
8	实验标准差	来源于给定的测量结果，它不表示被测量估计值的随机误差	来源于合理赋予的被测量之值，表示同一观测列中，任意一个估计值的标准不确定度
9	自由度	不存在	可作为不确定度评定可靠程度的指标。它是与评定得到的不确定度的相对标准不确定度有关的参数
10	置信概率	不存在	当了解分布时，可按置信概率给出置信区间

测量不确定度和误差有区别，也有联系。

（1）误差是测量不确定度的基础。研究不确定度首先要研究误差，只有对误差的性质、分布规律、相互联系及对测量结果的误差传递关系等有了充分的认识和了解，才能更好地估计各不确定度分量，正确得到测量结果的不确定度。

（2）它们都是对测量过程不完善性的评定，理论计算方法有很多相通之处。在计算不确定度时，用了描述误差分布的一些特征参量，两者在分析方法、合成方法和传递原理的公式上有很多相近或相似之处。例如，对于间接测量结果进行误差和不确定度的计算都要用相同的误差传递公式，所以说两者不是割裂对立的。

（3）实验标准差是分析误差的基本手段，也是测量不确定度理论的基础。

第 5 章　测量不确定度评定

5.1　产生测量不确定度的因素和测量模型

5.1.1　产生测量不确定度的因素

测量过程中有许多引起不确定度的因素，一般情况下可能来自以下几个方面：

（1）被测量的定义不完整；

（2）测量方法不理想；

（3）取样的代表性不够，即被测样本不能代表所定义的被测量；

（4）对测量过程受环境影响的认识不恰如其分或对环境的测量与控制不完善；

（5）对模拟式仪器的读数存在人为偏移；

（6）测量仪器的计量性能（如灵敏度、分辨力、死区及稳定性等）的局限性；

（7）测量标准或测量物质的不确定度；

（8）引用的数据或其他参数的不确定度；

（9）测量方法和测量程序的近似和假设；

（10）在相同条件下被测量在重复测量中的变化。

在实际工作中经常会发现，无论怎样控制环境以及各类对测量结果可能产生影响的因素，最终的测量结果总会存在一定的分散性，即多次测量的结果并不完全相等。这种现象是客观存在的，是由一些随机效应造成的。

上述不确定度的来源可能相关，例如，第（10）项可能与前面各项相关。对于那些尚未认识到的系统效应，显然是不可能在不确定度中予以考虑的，但可能导致测量结果的误差。

由此可见，测量不确定度一般来源于随机性或模糊性。前者归因于条件不充分，后者归因于失去本身概念不确定。因而测量不确定度一般由许多分量组成，其中一些分量具有统计性，另一些分量具有非统计性。所有这些不确定度来源，若影响测量结果都会对测量结果的分散性做出贡献。可用概率分布的标准差来表示测量的不确定度，称为标准不确定度，它表示测量结果的分散性。也可用具有一定置信概率的区间来表示测量不确定度。

5.1.2 测量不确定度及其数学模型的建立

测量不确定度通常由测量过程的数学模型和不确定度的评定规律来评定。由于数学模型可能不完善，所有有关的量更应充分地反映其实际情况的变化，以便利用尽可能多的测量数据来评定不确定度。在可能的情况下，应采用按长期积累的数据建立起来的经验模型。

在很多情况下，被测量 Y（输出量）不能直接测得，而是由 N 个其他量 $X_1, X_2, \cdots, X_N$（输入量）通过函数关系 f 来确定：

$$Y=f(X_1, X_2, \cdots, X_N) \tag{5.1-1}$$

式（5.1-1）称为测量模型或数学模型。

数学模型不是唯一的，如果采用不同的测量方法和不同的测量程序就可能有不同的数学模型。例如，一个随温度 t 变化的电阻器两端的电压为 V，在温度为 t_0时的电阻为 R_0，电阻器的温度系数为 α。电阻器的损耗功率 P（被测量）取决于 V、R_0、α 和 t，即

$$P=f(V, R_0, \alpha, t)=\frac{V^2}{R_0[1+\alpha(t-t_0)]} \tag{5.1-2}$$

同样是测量该电阻器的损耗功率 P，也可采用测量其端电压和流经电阻的电流来获得，则 P 的数学模型变为

$$P=f(V, I)=VI \tag{5.1-3}$$

有时输出量的数学模型也可能简单到为 $Y=X$，例如用数字万用表测量电压时，被测量的电压就等于数字万用表的示值。

设式（5.1-1）中，被测量 Y 的估计值为 y，输入量 X_i的估计值为 x_i，则有

$$y=f(x_1, x_2, \cdots, x_N) \tag{5.1-4}$$

式（5.1-1）中，大写字母表示的量的符号既代表可测的量，也代表随机变量。当叙述为 X_i具有某概率分布时，这个符号的含义就是随机变量。

在一个测量列中，第 k 个 X_i的测量值用 $X_{i,k}$表示。

式（5.1-4）中，当被测量 Y 的最佳估计值 y 是通过 $X_1, X_2, \cdots, X_N$的估计值 $x_1, x_2, \cdots, x_N$得出时，可有以下两种方法：

（1）第一种方法：

$$y=\bar{y}=\frac{1}{n}\sum_{k=1}^{n} y_k=\frac{1}{n}\sum_{k=1}^{n} f(x_{1,k}, x_{2,k}, \cdots, x_{N,k}) \tag{5.1-5}$$

式中：y 为取 Y 的 n 次独立测量值 y_k 的算术平均值，其每个测量值 y_k 的不确定度相同，且每个 y_k 都是根据同时获得的 N 个输入量 X_i 的一组完整的测量值求得的。

（2）第二种方法：

$$y=f(\bar{x}_1,\bar{x}_2,\cdots,\bar{x}_N) \tag{5.1-6}$$

式中：$\bar{x}_i=\frac{1}{n}\sum_{k=1}^{n}x_{i,k}$，它是独立测量值 $x_{i,k}$ 的算术平均值。

这一方法的实质是先求 X_i 的最佳估计值 $\bar{x}_i$，再通过函数关系式得出 y。

以上两种方法，当 f 是输入量 X_i 的线性函数时，它们的结果相同。但当 f 是输入量 X_i 的非线性函数时，式（5.1-5）的计算方法较为优越。

在数学模型中，输入量 $X_1,X_2,\cdots,X_N$ 可以是当前直接测定的量，也可以是外部引入的量。当前直接测定的量的值与不确定度可来自单一测量、重复测量、依据经验对信息的估计，并可包含测量仪器读数修正值，以及对周围温度、大气压、湿度等影响的修正值。由外部来源引入的量包括已校准的测量标准、有证的标准物质、由手册得到的参考数据等。

x_i 的不确定度是 y 的不确定度的因素，寻找不确定度的来源时，可从测量仪器、测量环境、测量人员、测量方法、被测量等方面全面考虑，应做到不遗漏、不重复，应特别考虑对结果影响大的不确定度来源。遗漏会使 y 的不确定度过小，重复会使 y 的不确定度过大。

评定 y 的不确定度之前，为确定 Y 的最佳值，应将所有修正量加入测得值，并将所有测量异常值剔除。

y 的不确定度将取决于 x_i 的不确定度，为此首先应评定 x_i 的标准不确定度 $u(x_i)$。

5.2　标准不确定度的 A 类评定

5.2.1　单次测量结果及平均值实验标准差

对于被测量 X，在重复性条件或复现性条件下进行 n 次独立重复测量，测量值为 x_i，$i=1,2,\cdots,n$。算术平均值为

$$\bar{x}=\frac{1}{n}\sum_{i=1}^{n}x_i \tag{5.2-1}$$

$s(x_i)$ 为单次测量的实验标准差，由贝塞尔公式计算得到：

$$s(x_i)=\sqrt{\frac{1}{n-1}\sum_{i=1}^{n}(x_i-\bar{x})^2} \tag{5.2-2}$$

$s(\bar{x})$为平均值的实验标准差，其值为

$$s(\bar{x})=\frac{s(x_i)}{\sqrt{n}} \tag{5.2-3}$$

通常以样本的算术平均值$\bar{x}$作为被测量的估计（即测量结果），以平均值的实验标准差$s(\bar{x})$作为测量结果的标准不确定度，即A类标准不确定度。

当测量结果取测量列的任一次x_i时，所对应的A类不确定度为

$$u(x)=s(x_i) \tag{5.2-4}$$

当测量结果取n次的算术平均值$\bar{x}$时，所对应的A类不确定度为

$$u(\bar{x})=\frac{s(x_i)}{\sqrt{n}} \tag{5.2-5}$$

当测量结果取n次独立重复测量中的m次的算术平均值$\bar{x}_m$时（$1\leqslant m\leqslant n$），$\bar{x}_m$所对应的A类不确定度为

$$u(\bar{x}_m)=\frac{s(x_i)}{\sqrt{m}} \tag{5.2-6}$$

$u(x)$、$u(\bar{x})$、$u(\bar{x}_m)$的自由度是相同的，都为

$$\nu=n-1 \tag{5.2-7}$$

一般情况下，将$u(x)$、$u(\bar{x})$、$u(\bar{x}_m)$的二次方$u^2(x)$、$u^2(\bar{x})$、$u^2(\bar{x}_m)$分别称为单次样本方差、均值样本方差、n中取m次均值样本方差。

测量次数n充分多，才能使A类不确定度的评定可靠，一般认为n应大于5。但也要视实际情况而定，当A类不确定度分量对合成标准不确定度的贡献较大时，n不宜太小，反之，n小一些关系不大。

【例5.2-1】 对一等标准活塞压力计的活塞有效面积进行测量。在各种压力下测得有效面积S_0与工作基准面积S_s之比l_i如下：

0.250670	0.250673
0.250670	0.250671
0.250675	0.250671
0.250675	0.250670
0.250673	0.250670

则其最佳估计值为

$$\bar{l}=\frac{\sum l_i}{n}=\frac{\sum l_i}{10}=0.250672$$

由贝塞尔公式求得单次测量标准差为

$$s(l_i)=\sqrt{\frac{\sum(l_i-\bar{l})^2}{n-1}}=\sqrt{\frac{38\times10^{-12}}{10-1}}=2.05\times10^{-6}$$

l 由测量重复性导致的标准不确定度为

$$u_1(l)=s(\bar{l})=\frac{s(l_i)}{\sqrt{n}}=0.63\times10^{-6}$$

$u_1(l)$表示一等标准活塞压力计活塞有效面积 S_0与工作基准面积 S_s之比 l 的测量重复性引起的不确定度分量（还有其他分量，如工作基准活塞 S_s的不确定度、加力砝码的质量不确定度、温度影响等），由 $l=\frac{S_0}{S_s}$得到由测量重复性引起的标准不确定度分量：

$$u_1(S_0)=S_s\cdot u_1(\bar{l})=0.63\times10^{-6}S_s$$

5.2.2　合并样本标准差

在规范化测量中，若在重复性条件下对被测量 X 作 n 次独立测量，并且有 m 组这样的测量结果，由于各组之间的测量条件可能会稍有不同，因此不能直接用贝塞尔公式对总共 $m\times n$ 次测量结果计算实验标准差，而必须计算其合成样本标准差 $s_p(x_k)$，可表示为

$$s_p(x_k)=\sqrt{\frac{\sum_{j=1}^{m}\sum_{k=1}^{n}(x_{jk}-\bar{x}_j)}{m(n-1)}} \tag{5.2-8}$$

式中：x_{jk}为第 j 组的第 k 次测量结果；$\bar{x}_j$为第 j 组的 n 个测量结果的平均值。

事实上，合并样本标准差是组内标准差的平方之平均值的平方根。若已经计算出 m 组测量结果的实验标准差 $s_j(x_k)$，且每组均包括相同的测量次数，则合并样本标准差 $s_p(x_k)$为

$$s_p(x_k)=\sqrt{\frac{\sum_{j=1}^{m}s_j^2(x_k)}{m}} \tag{5.2-9}$$

但是，若各组所包含的测量次数不完全相同，则合并样本标准差为

$$s_p(x_k)=\sqrt{\frac{\sum_{j=1}^{m}(n_j-1)s_j^2(x_k)}{\sum_{j=1}^{m}(n_j-1)}} \tag{5.2-10}$$

式中：n_j为第 j 组的测量次数。

合并样本标准差也称为组合实验标准差，其二次方 $s_p^2(x_k)$ 称为合并样本方差或组合方差。由式（5.2-9）和式（5.2-10）可知，在每组测量次数相同的情况下，合并样本方差 $s_p^2(x_k)$ 等于各组样本方差的平均值；在各组所包含的测量次数不完全相同的情况下，合并样本方差 $s_p^2(x_k)$ 等于各组样本方差的加权和。

由式（5.2-8）、式（5.2-9）、式（5.2-10）计算得到的合同样本标准差仍是单次测量结果的实验标准差，若最后给出的测量结果是若干次测量结果的平均值，如 N 次，则该平均值的实验标准差为

$$s(\bar{x})=\frac{s_p(x_k)}{\sqrt{N}} \tag{5.2-11}$$

5.2.3 极差法

实验标准差也可用其他方法得到，如极差法。

在重复性条件或复现性条件下，对被测量 X 作 n 次独立测量，n 个测量结果中的最大值和最小值之差称为极差（R）。在可以估计被测量 X 接近正态分布的前提下，单次测量结果 x_k 的实验标准差 $s(x_k)$ 可按下式近似评定：

$$s(x_k)=\frac{R}{C}=u(x_k) \tag{5.2-12}$$

式中：极差系数 C 由表 5.2-1 给出，其值与测量次数 n 有关，同时给出自由度 ν。

表 5.2-1　极差系数 C 和自由度 ν

n	2	3	4	5	6	7	8	9
C	1.13	1.69	2.06	2.33	2.53	2.70	2.85	2.97
ν	0.9	1.8	2.7	3.6	4.5	5.3	6.0	6.8

极差法一般应用在测量次数较小时，如 $n=4\sim9$。

在上述三种评定 A 类不确定度的方法中，显然，合并样本标准差法的评定数据范围更广，比其他两种方法计算的标准不确定度更可靠合理，但相应的实验成本较高。贝塞尔法和极差法的数据量小，成本低，极差法计算更为简单。但在计算机应用已经十分普遍的今天，计算已变得相当容易。因此，问题的关键还在于用何种方法估算得到的不确定度更为准确。

从表面上看，用贝塞尔公式进行计算时使用了全部 n 个测量结果，而极差

法只用了一个极大值和一个极小值，其余数据均弃之不用，因此用贝塞尔法得到的实验标准差应该比用极差法更为可靠。比较两种方法的自由度也可以看出(关于自由度后面专门讨论)，极差法的自由度比贝塞尔法的小，贝塞尔法的自由度为 $n-1$，而极差法的自由度小于 $n-1$。因此似乎可以得到同样的结论，贝塞尔法比极差法更为可靠。

但实际上问题并没有这么简单。根据定义，用标准差表示的不确定度称为标准不确定度。因此从理论上说，应该计算的是标准差 σ，而不是实验标准差 s。但标准差是一个总体参数，因此要进行无限多次测量才能得到。在实际工作中只能用样本参数来代替总体参数，即用实验标准差 s 作为标准差 σ 的估计量。理论上可以证明，贝塞尔法得到的实验标准差 s 并不是标准差 σ 的无偏估计量。也就是说，当用实验标准差 s 来代替标准偏差 σ 时，除了实验标准差 s 本身是一个随机变量外，它的数学期望值（即无限多次测量结果的平均值）相对于标准差 σ 还有一个与测量次数有关的系统性偏差。测量次数越少，其系统性偏差就越大。

也可以分别计算出用贝塞尔公式和极差法得到的实验标准差的相对标准不确定度，其计算结果见表 5.2-2。由表 5.2-2 可以看出，当测量次数 $n=10$ 时，两种方法得到的实验标准差准确程度几乎相同；当 $n>10$ 时，贝塞尔法优于极差法；当 $n<10$ 时，极差法优于贝塞尔法。至于修正的贝塞尔公式，相比而言虽然最为准确，但因为较麻烦实际上很少使用。这就是为什么国家计量技术规范 JJF 1059—1999《测量不确定度评定与表示》在给出极差系数及自由度表后指出："一般在测量次数较小时采用该法"，在国家计量技术法规统一宣贯教材《测量不确定度评定与表示指南》（中国计量出版社，2000 年）中同时还指出采用极差法时"测量次数以 4~9 次为宜"。

表 5.2-2　贝塞尔法和极差法得到的实验标准差的相对标准不确定度（%）

n	2	3	4	5	6	7	8	9	10	20
贝塞尔法	0.80	0.57	0.47	0.40	0.36	0.32	0.30	0.28	0.26	0.17
极差法	0.70	0.52	0.43	0.37	0.34	0.31	0.29	0.27	0.26	0.20

上面的分析仅是针对实验标准差而言的。在大部分测量不确定度评定中，A 类评定不确定度分量仅是全部分量中的一个或几个，它们还必须通过方差相加的方法与其他 B 类评定的分量合成，才能得到合成标准不确定度。虽然贝塞尔法得到的实验标准差 s 并不是标准差 σ 的无偏估计量，但却可以证明实验方差 s^2 是总体方差 σ^2 的无偏估计量。因此，若 A 类评定分量需要和其他 B 类

分量合成，且 A 类评定分量不占优势时，则无论测量次数多少，贝塞尔法都优于极差法。因此有如下结论：

（1）实验的测量次数对计算结果的影响较大，随着测量次数的的增多，测量结果 A 类不确定度的计算结果的可靠性趋于提高，因此，在测量过程中，要尽可能地增加测量次数，这样能够减小测量结果的不确定度，提高测量结果的准确性。

（2）当 A 类评定不确定度分量不是合成标准不确定度中唯一占优势的分量时，则无论测量次数多少，贝塞尔法都优于极差法。

（3）当 A 类评定不确定度分量是合成标准不确定度中唯一占优势的分量时，两种方法的优劣与测量次数有关。当测量次数 $n<10$ 时，极差法优于贝塞尔法；当测量次数 $n\geqslant 10$ 时，贝塞尔法优于极差法。

在重复性条件下所得的测量列的不确定度，通常比其他评定方法所得的不确定度更为客观，并具有统计学的严格性，但要求有充分的重复次数。此外，这一测量过程的重复测量值应相互独立。

5.2.4 基于最小二乘法估计量的标准不确定度评定

当被测量的估计值是由实验数据通过最小二乘法拟合的直线或曲线得到时，任意预期的估计值或拟合曲线参数的标准不确定度均可以利用已知的统计程序计算得到。

一般来说，若寻求两个物理量 X 和 Y 之间的关系，且估计 X 和 Y 之间有线性关系 $Y=a+bX$。对 X 和 Y 独立测得 n 组数据，其结果为 $(x_1,y_1),(x_2,y_2),\cdots,(x_n,y_n)$，且 $n>2$。同时假定 X 的测量不确定度远小于 Y 的测量不确定度，即 X 的测量不确定度可以忽略不计，则可利用最小二乘法得到参数 a、b 以及它们的标准不确定度 $u(a)$ 和 $u(b)$。

由于实验测量得到的 x_i 和 y_i 存在误差，通常 $y_i\neq a+bx_i$，故 y_i 和 $a+bx_i$ 之间的残差可以写为

$$
\begin{gathered}
v_1=y_1-(a+bx_1)\\
v_2=y_2-(a+bx_2)\\
\vdots\\
v_n=y_n-(a+bx_n)
\end{gathered}
$$

将上列各等式两边平方后相加，可得残差的平方和为

$$\sum_{i=1}^{n} v_i^2=\sum_{i=1}^{n}[y_i-(a+bx_i)]^2$$

为使 $\sum_{i=1}^{n} v_i^2$ 达到最小值，必须使上式对 a 和 b 的偏导数同时为 0。求解联立方程，最后得

$$\begin{cases} a=\bar{y}-b\bar{x} \\ b=\dfrac{S_{xy}}{S_{xx}} \end{cases} \tag{5.2-13}$$

式中：$\bar{x}$，$\bar{y}$为相应测量列的算术平均值。

$$S_{xy} = \sum_{i=1}^{n} (x_i - \bar{x})(y_i - \bar{y}) = \sum_{i=1}^{n} x_i y_i - n\overline{xy} \tag{5.2-14}$$

$$S_{xx} = \sum_{i=1}^{n} (x_i - \bar{x})^2 = \sum_{i=1}^{n} x_i^2 - n(\bar{x})^2 \tag{5.2-15}$$

将 a 和 b 之值代入残差方程，可得残差 v_i 和残差的平方和 $\sum_{i=1}^{n} v_i^2$。故 Y 的实验标准差 $s(y)$ 为

$$s(y) = \sqrt{\frac{\sum_{i=1}^{n} v_i^2}{n-2}} \tag{5.2-16}$$

通过计算参数 a 和 b 的方差，可以得到它们的标准不确定度为

$$u(a) = s(a) = s(y)\sqrt{\frac{\sum_{i=1}^{n} x_i^2}{nS_{xx}}} \tag{5.2-17}$$

$$u(b)=s(b)=\frac{s(y)}{\sqrt{S_{xx}}} \tag{5.2-18}$$

而参数 a 和 b 的值是由同一组测量结果计算得到的，因此二者之间理应存在一定的相关性。求解 $a+b$ 的方差：

$$s^2(a+b)=\left[\frac{1}{n}+\frac{(1-\bar{x})^2}{S_{xx}}\right]s^2(y) \tag{5.2-19}$$

再根据 $a+b$ 的方差等于 a 的方差 $s^2(a)$、b 的方差 $s^2(b)$、a 与 b 的协方差 $\mathrm{Cov}(a,b)$之和，即

$$s^2(a+b)=s^2(a)+s^2(b)+2\mathrm{Cov}(a,b) \tag{5.2-20}$$

将式（5.2-17）、式（5.2-18）、式（5.2-19）代入式（5.2-20），可得 a 和 b 的协方差 $\mathrm{Cov}(a,b)$：

$$\mathrm{Cov}(a,b)=\frac{-\bar{x}}{S_{xx}}s^2(y) \tag{5.2-21}$$

它们之间的相关系数为

$$\rho(a,b)=\frac{-n\bar{x}}{\sqrt{n\sum_{i=1}^{n}x_i^2}} \tag{5.2-22}$$

1）在 Y 轴上拟合值 y_0 的标准不确定度

对 X 进行测量，测得值为 x_0，并通过参数 a、b 得到拟合值 y_0，则 y_0 的标准不确定度 $u(y_0)$ 为

$$u(y_0)=s(y)\sqrt{\frac{1}{n}+\frac{(x_0-\bar{x})^2}{S_{xx}}} \tag{5.2-23}$$

2）在 X 轴上拟合值 x_0 的标准不确定度

对 Y 重复测量 p 次，得到 p 次测量结果的平均值 y_0，y_0 的标准差为 $s(y_0)=\frac{s(y)}{\sqrt{p}}$，通过参数 a、b 得到拟合值 $x_0=\frac{y_0-a}{b}$，则 x_0 的标准不确定度 $u(x_0)$ 为

$$\begin{aligned}u(x_0)&=s(x_0)\\&=\sqrt{\left(\frac{\partial x_0}{\partial y_0}\right)^2s^2(y_0)+\left(\frac{\partial x_0}{\partial a}\right)^2s^2(a)+\left(\frac{\partial x_0}{\partial b}\right)^2s^2(b)+2\frac{\partial x_0}{\partial a}\frac{\partial x_0}{\partial b}\mathrm{Cov}(a,b)}\\&=\frac{s(y)}{b}\sqrt{\frac{1}{p}+\frac{1}{n}+\frac{(x_0-\bar{x})^2}{S_{xx}}}\end{aligned} \tag{5.2-24}$$

由式（5.2-21）可知，通过最小二乘法得到校准曲线，在校准曲线上得到拟合值 x_0 的不确定度除与参数 n 和 p 有关外，还与差值 $x_0-\bar{x}$ 有关。拟合点 x_0 与 $\bar{x}$ 越接近，测量不确定度越小。反之，这可以作为拟合校准曲线时选择测量点的依据，即所选各测量点 X 坐标的平均值应尽可能接近将来要测量的拟合点 x_0。

5.3 标准不确定度的 B 类评定

5.3.1 标准不确定度 B 类评定的信息来源

当被测量 X 的估计值 x_i 不是由重复测量得到，其标准不确定度 $u(x_i)$ 可用 x_i 的可能变化的有关信息或资料来评定。B 类评定的信息来源有以下 6 项：

（1）以前的测量数据；

（2）对有关技术资料和测量仪器特性的了解和经验；

（3）生产部门提供的技术说明文件；

（4）校准证书、检定证书或其他文件提供的数据、准确度的等级或级别，包括目前暂时使用的极限误差等；

（5）手册或某些资料给出的参考数据及其不确定度；

（6）规定实验方法的国家标准或类似技术文件中给出的重复性限 r 或复现性限 R。

5.3.2　B 类标准不确定度的评定方法

1. 已知置信区间和包含因子

先分析或者判断被测量落入的区间 $[\bar{x}-a,\bar{x}+a]$，并估计区间内被测量值的概率分布，再按置信水平 p 来估计包含因子 k，则 B 类标准不确定度为

$$u(x)=a/k \tag{5.3-1}$$

2. 已知扩展不确定度 U 和包含因子 k

若估计值 x_i 来源于制造部门的说明书、校准证书或其他资料，同时还明确给出了其扩展不确定度 $U(x_i)$ 是标准差 $s(x_i)$ 的 k 倍，指出了包含因子 k 的大小，则标准不确定度可取为

$$u(x_i)=U(x_i)/k \tag{5.3-2}$$

3. 已知扩展不确定度 U_p 和置信水平 p 的正态分布

若 x_i 的扩展不确定度不是按标准差 $s(x_i)$ 的 k 倍给出，而是给出了置信水平 p 和置信区间的半宽 U_p，一般按正态分布考虑评定其标准不确定度：

$$u(x_i)=U_p/k_p \tag{5.3-3}$$

正态分布的置信水平（概率）p 和 k_p 之间关系如表 5.3-1 所列。

表 5.3-1　正态分布下的置信水平 p 和包含因子 k_p 之间的关系

p/%	50	68.27	90	95	95.45	99	99.73
k_p	0.67	1	1.645	1.960	2	2.576	3

4. 已知扩展不确定度 U_p 和置信水平 p 与有效自由度 ν_{eff} 的 t 分布

若 x_i 的扩展不确定度不仅给出了扩展不确定度 U_p 和置信水平 p，还给出了有效自由度 ν_{eff}，此时必须按 t 分布处理。

$$u(x_i)=\frac{U_p}{t_p(\nu_{\mathrm{eff}})} \tag{5.3-4}$$

这种情况提供的不确定度评定信息比较齐全，常出现在标准仪器的校准证

书上。

【例 5.3-1】校准证书上给出了标称值为 5kg 的砝码的实际质量为 $m=5000.00078$g，并给出了 m 的测量结果扩展不确定度 $U_{95}=48$mg，有效自由度 $\nu_{\text{eff}}=35$。

查 t 分布表可知 $t_{95}(35)=2.03$，故 B 类标准不确定度为

$$u(x_i)=\frac{U_{95}}{t_{95}(35)}=\frac{48}{2.03}\text{mg}\approx 24\text{mg}$$

5. 其他几种常见分布

除了正态分布和 t 分布外，其他常见的分布包括三角分布、梯形分布、均匀分布、反正弦分布及两点分布等。

若已知信息表明 x_i 分散区间的半宽为 a，且 x_i 落在 x_i-a 至 x_i+a 区间的概率 p 为 100%，即全部落在此范围内，通过对其分布的估计，可以得出标准不确定度：

$$u(x_i)=\frac{a}{k} \tag{5.3-5}$$

其中，k 与分布状态有关，如表 5.3-2 所列。

表 5.3-2　常见的分布类型与 k、$u(x_i)$ 的关系

分布类型	p/%	k	$u(x_i)$
正态分布	99.73	3	$a/3$
三角分布	100	$\sqrt{6}$	$a/\sqrt{6}$
梯形分布（$\beta=0.71$）	100	2	$a/2$
均匀分布（矩形）	100	$\sqrt{3}$	$a/\sqrt{3}$
反正弦分布	100	$\sqrt{2}$	$a/\sqrt{2}$
两点分布	100	1	a

表 5.3-2 中 β 为梯形的上底与下底之比，对于梯形分布来说，$k=\sqrt{6/(1+\beta^2)}$，特别当 $\beta=1$ 时，梯形分布变为矩形分布；当 $\beta=0$ 时，变为三角分布。

6. 界限不对称的考虑

在被测量 X_i 可能值的下界 a_- 和上界 a_+ 相对于其最佳估计值 x_i 不对称的情况下，即下界 $a_-=x_i-b_-$，上界 $a_+=x_i+b_+$，其中 $b_-\neq b_+$。这时由于 x_i 不处于 a_- 至 a_+ 区间的中心，X_i 的概率分布在此区间内是不对称的，在缺乏用于准确判定其分布状态的信息时，按矩形分布处理，可用下式近似判定：

$$u^2(x_i)=\frac{(b_++b_-)^2}{12}=\frac{(a_+-a_-)^2}{12} \tag{5.3-6}$$

【例 5.3-2】设手册给出的铜膨胀系数 $a_{20}(\mathrm{Cu})=16.52\times10^{-6}/℃$，但指明最小可能值为 $16.40\times10^{-6}/℃$，最大可能值为 $16.92\times10^{-6}/℃$。此时有

$$b_{-}=(16.52-16.40)\times10^{-6}/℃=0.12\times10^{-6}/℃$$

$$b_{+}=(16.92-16.52)\times10^{-6}/℃=0.40\times10^{-6}/℃$$

由式（5.3-6）可得

$$u(a_{20})=0.15\times10^{-6}/℃$$

有时对于不对称的界限，可以对估计值 x_i 加以修正，修正值的大小为 $(b_{+}-b_{-})/2$，则修正后 x_i 就在界限的中心位置 $x_i=(a_{+}+a_{-})/2$，而其半宽 $a_i=(a_{+}-a_{-})/2$，然后再按上述各方式处理。

7. 以“级”使用的仪器的不确定度计算

当测量仪器检定证书上给出准确度级别时，可按检定系统或检定规程所规定的该级别的最大允许误差进行评定。最大允许误差反映了该仪器在指定条件下，对某量测量时，可能达到的最大误差界限。假定最大允许误差为 $\pm A$，一般采用均匀分布，得到示值引起的标准不确定度分量：

$$u(x)=\frac{A}{\sqrt{3}} \tag{5.3-7}$$

以“级”使用的仪器，上面计算所得的不确定度分量并没有包含上一个级别仪器对所使用级别仪器进行检定带来的不确定度，因此，当上一级别检定的不确定度不可忽略时，还要考虑这一项不确定度分量。

5.4　自　由　度

5.4.1　自由度的定义与含义

在测量不确定度评定中，规定标准不确定度用标准差来表示。根据数理统计原理，样本量越大，得到的统计量的值更能表征总体的特性，其可信程度就越高，但实际工作中只能进行有限次测量，因此只能用样本参数作为总体参数的估计值，即只能用有限次测量的实验标准差 s 作为无限次测量的标准差 σ 的估计值。这一估计值必然会引入误差。因此在测量不确定度评定中，仅给出标准不确定度还不够，还需给出表示标准不确定度准确程度的参数——自由度。

JJF 1059—1999《测量不确定度评定与表示》中给出自由度的定义为：在方差计算中，和的项数减去对和的限制数。

若在重复性条件下，对被测量 X 作 n 次独立测量，得到的测量结果分别

为 $x_1,x_2,\cdots,x_n$，其样本方差的计算公式为

$$s^2(x)=(v_1^2+v_2^2+\cdots+v_n^2)/(n-1) \tag{5.4-1}$$

式中：v_i 为残差，是各测得值与算术平均值之差 $v_i=x_i-\bar{x}$。

在定义中“和的项数”即为式（5.4-1）中分子的项数 n。由于全部残差并不相互独立，易知 $\sum_{i=1}^{n}v_i=0$，也就是说，对式（5.4-1）中的分子还有一个 $\sum_{i=1}^{n}v_i=0$ 的约束条件。由于仅有一个约束条件，故称“对和的限制数”为 1。因此根据定义，自由度 ν 应为“和的项数减去对和的限制数”，即 $\nu=n-1$。

当采用不确定度的 A 类评定时，数学上可以证明式（5.4-1）所给出的自由度 ν 与标准不确定度 $u(x)$ 的准确程度的关系：

$$\nu=\frac{1}{2\left[\frac{u[u(x)]}{u(x)}\right]^2} \tag{5.4-2}$$

式中：$u(x)$ 为被测量 X 的标准不确定度；$u[u(x)]$ 为标准不确定度 $u(x)$ 的标准不确定度；$u[u(x)]/u(x)$ 为标准不确定度 $u(x)$ 的相对标准不确定度。

由此可见，自由度 ν 与标准不确定度的相对标准不确定度有关；或者说，自由度与不确定度的不确定度有关。一般说来，自由度表示所给标准不确定度的可靠程度或准确程度。自由度越大，表示所得到的标准不确定度越可靠、越准确。表 5.4-1 给出了标准不确定度 $u(x)$ 的相对标准不确定度 $u[u(x)]/u(x)$ 与自由度 ν 的关系。

表 5.4-1　$u[u(x)]/u(x)$ 与自由度 ν 的关系

$u[u(x)]/u(x)$	ν	$u[u(x)]/u(x)$	ν
0.10	50	0.30	5.5
0.20	12.5	0.40	3.1
0.25	8	0.50	2

5.4.2　A 类评定标准不确定度的自由度

对于 A 类评定，各种情况下的自由度为：

（1）用贝塞尔公式计算实验标准差时，若测量次数为 n，则自由度为 $\nu=n-1$。

（2）当同时测量 t 个被测量时，自由度 $\nu=n-t$。

（3）若 t 个被测量之间另有 m 个约束条件时，则 $\nu=n-t-m$。

(4) 对于合并样本标准差 s_p，其自由度为各组的自由度之和。例如，对于每组测量 n 次，共测量 m 组的情况，其自由度为 $m(n-1)$。

(5) 当用极差法估计实验标准差时，其自由度与测量次数的关系见表 5.2-3。

5.4.3　B 类评定标准不确定度的自由度

对于 A 类评定，已知重复测量次数就可以得到自由度，同时还可以用式（5.4-2）计算出所给标准不确定度的相对标准不确定度。

对于 B 类评定，由于其标准不确定度并不是由实验测量得到的，也就不存在测量次数的问题，因此，原则上也就不存在自由度的概念。但如果将式（5.4-2）推广到 B 类评定中，认为该式同样适用于 B 类评定不确定度，则式（5.4-2）就成为估计 B 类评定不确定度的自由度的基础。对于 A 类评定，从测量次数即可得到自由度，并通过式（5.4-2）得到标准不确定度 $u(x)$ 的准确程度，即 $u(x)$ 的相对标准不确定度。B 类评定的情况正好相反，不知道自由度，但如果能够根据经验估计出 B 类评定的相对标准不确定度，则可以由式（5.4-2）估计出 B 类评定标准不确定度的自由度。

例如，若用 B 类评定得到 X 的标准不确定度为 $u(x)$，并且估计 $u(x)$ 的相对标准不确定度为 10%，故由式（5.4-2）可以得到自由度为

$$\nu=\frac{1}{2\left[\frac{u[u(x)]}{u(x)}\right]^2}=\frac{1}{2\times(10\%)^2}=50$$

B 类评定标准不确定度的自由度的估计不仅需要相关的专业知识，同时还要求具备评定测量不确定度的实际经验，特别是要了解被测量的测量方法和一般可以达到的测量不确定度，并由此估计出 B 类评定标准不确定度的相对标准不确定度。

5.5　合成标准不确定度

5.5.1　合成标准不确定度的计算方法

当测量结果受多种因素影响形成了若干个不确定度分量时，测量结果的标准不确定度用各不确定度分量合成后的合成不确定度 u_c 表示。为计算 u_c，首先应全面分析影响测量结果的各种因素，列出影响测量结果的所有不确定度来源，做到不遗漏、不重复。遗漏会使测量结果的合成不确定度减小，重复会使

测量结果的合成不确定度增大，这些都会影响不确定度的评定质量；然后分析各影响因素和测量结果的关系，以便准确评定各不确定度分量；最后进行合成不确定度的计算。

被测量 Y 的估计值由 n 个输入量 $X_1,X_2,\cdots,X_n$ 的测量值 $x_1,x_2,\cdots,x_n$ 的函数求得，即 $y=f(x_1,x_2,\cdots,x_n)$，若各直接测量值 x_i 的标准不确定度为 $u(x_i)$，则由 x_i 引起的被测量的标准不确定度分量为

$$u_i=\left|\frac{\partial f}{\partial x_i}\right|u(x_i) \tag{5.5-1}$$

式中：$\dfrac{\partial f}{\partial x_i}$为被测量 $y=f(x_1,x_2,\cdots,x_n)$ 在 $X_i=x_i$ 时的偏导数，称为灵敏度系数或传递系数，用符号 c_i 表示。

而测量结果 y 的不确定度 $u(y)$ 应是所有不确定度分量的合成，用合成标准不确定度 u_c 来表征，计算公式为

$$\begin{aligned} u_c &= \sqrt{\sum_{i=1}^{n}\left(\frac{\partial f}{\partial x_i}\right)^2 u^2(x_i)+2\sum_{i=1}^{n-1}\sum_{j=i+1}^{n}\frac{\partial f}{\partial x_i}\frac{\partial f}{\partial x_j}\rho_{ij}u(x_i)u(x_j)} \\ &= \sqrt{\sum_{i=1}^{n}c_i^2u^2(x_i)+2\sum_{i=1}^{n-1}\sum_{j=i+1}^{n}c_ic_j\rho_{ij}u(x_i)u(x_j)} \end{aligned} \tag{5.5-2}$$

式中：ρ_{ij}为任意两个直接测量值 x_i 和 x_j 之间的相关系数。

若 x_i 和 x_j 相互独立，有 $\rho_{ij}=0$，则 u_c 可表示为

$$u_c=\sqrt{\sum_{i=1}^{n}c_i^2u^2(x_i)} \tag{5.5-3}$$

若不确定度分量的各种因素与测量结果没有确定的函数关系，则应根据具体情况首先按 A 类评定或 B 类评定的方法确定各不确定度分量 u_c 的值，然后再计算合成不确定度 u_c：

$$u_c=\sqrt{\sum_{i=1}^{n}u_i^2+2\sum_{i=1}^{n-1}\sum_{j=i+1}^{n}\frac{\partial f}{\partial x_i}\frac{\partial f}{\partial x_j}\rho_{ij}u_iu_j} \tag{5.5-4}$$

当 x_i 和 x_j 之间存在相关性时，理论上讲必须要知道相关系数 r_{ij}后才能求出合成标准不确定度。

相关系数除了可以从理论上分析和估计外，也可以从实验测量中得到。通过实验，对输入量重复测量 N 次，得到 x_i 和 x_j 的测量列 x_{ik}和 x_{jk}，$\bar{x}_i$ 和$\bar{x}_j$ 为两个测量列的算术平均值，则 x_i 和 x_j 的协方差 $\mathrm{Cov}(x_i,x_j)$ 和相关系数 r_{ij}可表示为

$$\mathrm{Cov}(x_i,x_j)=\frac{\sum_{k=1}^{N}(x_{ik}-\bar{x}_i)(x_{jk}-\bar{x}_j)}{N-1} \tag{5.5-5}$$

$$\rho_{ij}=\frac{\mathrm{Cov}(x_i,x_j)}{u(x_i)u(x_j)} \tag{5.5-6}$$

由于相关系数的实验测量比较麻烦，同时还需耗费大量时间和增加不确定度评定的成本，因此在进行不确定度评定中除非确有必要，一般应尽可能避免处理相关性。

（1）采用合适的测量方法和测量程序，尽可能避免输入量之间的相关性。例如，用数显卡尺测量长方形的长 a 和宽 b，计算长方形的面积 $S=ab$。长方形面积的测量不确定度主要由卡尺的示值误差引起，故当用同一把卡尺测量长方形的长和宽时，即使测量点稍有不同，两者的测量结果仍可能是相关的。特别是当 a 和 b 的数值比较接近时，两者之间可能有很强的相关性，这时就不能将相关性忽略。

解决方法就是改用两把不同的卡尺分别测量长方形的长和宽。由于两把卡尺的示值误差之间一般是不相关的，由此可以避免处理相关性。

（2）在测量不确定度评定中，如果可以选择输入量，则应尽量选用不相关的输入量。

（3）如果已知两个输入量之间存在相关性，但相关性较弱，即相关系数 r 的绝对值较小，则可以忽略相关性。

（4）如果相关的两个输入量本身在合成标准不确定度中不起主要作用，则可以忽略它们之间的相关性。

（5）如果两个输入量之间相关性较强，其对合成标准不确定度有明显的累加影响，则当$\frac{\partial f}{\partial x_i}$和$\frac{\partial f}{\partial x_j}$同号时，令 $\rho_{ij}=1$；当$\frac{\partial f}{\partial x_i}$和$\frac{\partial f}{\partial x_j}$异号时，令 $\rho_{ij}=-1$，即先将各相关的不确定度分量直接相加，然后再与其他不相关的不确定度分量通过方和根法进行合成。这样处理得到的合成标准不确定度会稍大，对于大部分情况这样做是允许的，只要最后得到的扩展不确定度符合要求，合理地高估测量不确定度并无明显害处。

（6）如果两个输入量之间虽有相关性，但其对合成标准不确定度的影响呈相互抵消作用，则可考虑忽略其相关性。

（7）仅在所有上述方法都不适用的情况下，才考虑由实验测量计算相关系数。

【例 5.5-1】 某数字电压表出厂时的技术规范说明：“在仪器校准后的两

年内，1V 不确定度是读数的 14×10^{-6}倍加量程的 2×10^{-6}倍”，假设概率分布为均匀分布。在校准一年后，在 1V 量程上测量电压，得到一组独立重复测量的算术平均值$\overline{V}=0.928571\text{V}$，重复测量值均值$\overline{V}$的 A 类不确定度为 $u_A(\overline{V})=14\mu\text{V}$。计算电压表在 1V 量程上测量该电压的标准不确定度。

解：已知 A 类不确定度 $u_A(\overline{V})=14\mu\text{V}$，由已知的信息计算该电压表的 B 类扩展不确定度 a：

$$a=14\times10^{-6}\times0.928571\text{V}+2\times10^{-6}\times1\text{V}=15\mu\text{V}$$

假设概率分布为均匀分布，则有 $k=\sqrt{3}$，则电压测量的 B 类标准不确定度为

$$u_B(\overline{V})=15\mu\text{V}/\sqrt{3}=8.7\mu\text{V}$$

则有 $u_c(\overline{V})=\sqrt{u_A^2(\overline{V})+u_B^2(\overline{V})}=\sqrt{(14\mu\text{V})^2+(8.7\mu\text{V})^2}=16\mu\text{V}$。

5.5.2 合成标准不确定度的有效自由度

合成标准不确定度 u_c 的自由度称为有效自由度，以 ν_{eff}表示。当 u_c^2 由两个或两个以上方差分量合成得到，即满足 $u_c^2=\sum_{i=1}^{n}c_i^2u^2(x_i)$，并且被测量 y 接近于正态分布时，令 $u_i^2=c_i^2u^2(x_i)$，则 $u_c^2=\sum_{i=1}^{n}u_i^2$，合成标准不确定度的有效自由度可按下式计算：

$$\nu_{\text{eff}}=\frac{u_c^4}{\sum_{i=1}^{n}\frac{u_i^4}{\nu_i}} \tag{5.5-7}$$

5.5.3 合成标准不确定度的分配及最佳测量方案的选择

在实际工程中，许多被测量直接测量有困难，或者难以保证测量精度，不得不采用间接测量。合成标准不确定度是各个测量值不确定度分量的函数。有时为控制测量值的精度，要合理选择各环节的设备，限制各影响环节的不确定度分量，这就涉及合成不确定度的分配问题及最佳测量方案的选择问题。

1）合成标准不确定度的分配

假定各不确定度互补相关，可得：

$$u_c=\sqrt{\sum_{i=1}^{n}\left(\frac{\partial f}{\partial x_i}\right)^2u^2(x_i)}=\sqrt{\sum_{i=1}^{n}c_i^2u^2(x_i)}=\sqrt{\sum_{i=1}^{n}u_i^2} \tag{5.5-8}$$

若 u_c 已知，需确定 u_i 或相应的 $u(x_i)$，且满足：

$$\sqrt{\sum_{i=1}^{n} u_i^2} < u_c \tag{5.5-9}$$

显然 u_i 可以使任意值为不确定解，一般可按下列分配方案及步骤求解。

(1) 按等作用原则分配不确定度。等作用原则是指各个不确定度分量对合成标准不确定度的贡献相等，即

$$u_1 = u_2 = \cdots = u_n = \frac{u_c}{\sqrt{n}} \tag{5.5-10}$$

$$u_i = \left|\frac{\partial f}{\partial x_i}\right| \cdot u(x_i) = |c_i| u(x_i) \tag{5.5-11}$$

$$u(x_i) = \frac{u_c}{\sqrt{n}} \frac{1}{|c_i|} \tag{5.5-12}$$

(2) 按可能性适当调整不确定度。等作用原则分配不确定度可能会出现不合理情况，这是由于计算出来的各个局部不确定度都相等，可能会导致某些量的测量不确定度超出允许的范围，而有些量难以满足要求。此外，由于 c_i 的作用，实际各量的标准不确定度不可能相等，有时相差较大。因此，需按具体情况在保证 u_c 的前提下，对难以实现的不确定度分量适当扩大，对容易实现的尽可能缩小。做调整后，需按合成标准不确定度的方法进行验算，以确保合成标准不确定度 u_c 不超标。

2) 最佳测量方案的选择

间接测量时，测量结果与众多因素有关，需要选择最佳测量方案，确保测量值的不确定度最小。最佳测量方案的选择可以从以下两个方面考虑。

(1) 选择最有利的函数关系测量。一般情况下，间接测量中不确定度分量的项数较少，则合成标准不确定度也较小。选择间接测量模型时，如果可由不同函数关系式来表示，则应选取包含直接测量值最少的函数关系式。若不同的函数关系式所包含的直接测量值数目相同，则应选取不确定度较小的直接测量值的函数关系式。

(2) 正确选择测量系统的参数，使各个测量值对函数的传递函数为 0 或最小。

5.6　扩展不确定度

合成标准不确定度可表征测量结果的不确定度，但它仅对应于标准差，由其表示的测量结果为 $y \pm u_c$，含被测量 Y 的真值概率约为 68%。在实际工作中，

如高精度的比对、一些与安全生产以及身体健康有关的测量，应使被测量的值大部分位于其中，为此需要扩展不确定度来表示测量结果。

扩展不确定度为包含因子 k 乘以合成不确定度 u_c。扩展不确定度有两种形式。用 U 表示，则有

$$U=k\cdot u_c \tag{5.6-1}$$

当包含因子 k 是根据被测量 Y 的分布并由所规定的置信概率 p 计算得到时，包含因子可用 k_p 表示，相应的扩展不确定度可用 U_p 表示。一般采用 p 值为 99%或者 95%，则扩展不确定度可表示为 U_{99} 或 U_{95}。多数情况下采用 $p=95\%$，对于某些测量标准，也可根据规定采用 $p=99\%$。

由于被测量 Y 的分布情况不同，包含因子 k_p 与置信概率 p 之间的关系也不同。

1）被测量接近正态分布

被测量接近正态分布，原则上应计算各分量的自由度和合成标准不确定度的有效自由度，并根据规定的置信概率 p 由 t 分布表得到包含因子 k_p。

$$U_p=k_p u_c=t_p(\nu)\cdot u_c \tag{5.6-2}$$

即使在被测量接近正态分布时，有时也可以不计算自由度。例如，有些测量由于测量程序已经确保了其有效自由度不会太小（大于 15）时，可以不计算自由度而直接取 $k=2$ 或 $k=3$。此时扩展不确定度用 U 表示：

$$U=ku_c=2u_c \text{ 或 } U=ku_c=3u_c \tag{5.6-3}$$

原则上讲，此时的扩展不确定度应与置信概率无关，但在确保自由度不太小的情况下，仍可以估计其置信概率大体上分别为 95%($k=2$)和 99%($k=3$)。

2）被测量为某种非正态分布的其他分布

若可以判断被测量接近某种已知的非正态分布，如矩形分布、三角分布、梯形分布等，则由分布的概率密度函数以及所确定的置信概率 p 可以计算出包含因子 k。此时扩展不确定度用 U_p 表示，即

$$U_p=k_p u_c \tag{5.6-4}$$

在这种情况下，包含因子 k_p 必须根据分布和置信概率 p 确定，不能直接取 2 或 3，也不能按照正态分布的方法通过计算有效自由度并由 t 分布得到包含因子。

3）无法判断被测量的分布

由于无法判断被测量 Y 的分布，就无法根据所规定的置信概率求出包含因子。此时只能假设一个 k 值，一般取 2 或 3，大多数情况下 k 取 2。扩展不确定度用 U 表示，$U=ku_c=2u_c$。此时无法知道扩展不确定度所对应的置信概率。

5.7　测量不确定度的评定步骤

对测量设备进行校准或检定后，要出具校准或检定证书；对某个被测量进行测量后也要报告测量结果，并给出测量结果的不确定度。

测量不确定度一般用扩展不确定度表示，评定步骤如下：

(1) 明确被测量的定义及测量条件，明确测量原理、方法、被测量的数学模型以及所用的测量仪器设备等；

(2) 分析并列出对测量结果有明显影响的不确定度分量；

(3) 定量评定各标准不确定度分量，并给出其数值 u_i 和自由度 ν_i；

(4) 计算合成标准不确定度 u_c 及自由度 ν_{eff}；

(5) 计算扩展不确定度 U；

(6) 报告测量结果。

【例 5.7-1】 用标准数字电压表在标准条件下，对被测直流电压源 10V 点的输出电压值进行独立测量 10 次，测得值 ν_i如下：

n	1	2	3	4	5
ν_i/V	10.000107	10.000103	10.000097	10.000111	10.000091
n	6	7	8	9	10
ν_i/V	10.000108	10.000121	10.000101	10.000110	10.000094

标准电压表示值稳定度不超过±15μV，示值误差为 $3.5\times10^{-6}\times U$（标准电压表示值），试计算本次电压测量不确定度。

解：

(1) 测量方法。

标准数字电压表独立测量 10 次，10 次测量的平均值为 $\bar{V}=10.000104$V，取平均值作为测量结果的估计值。

(2) 不确定度分析。

分析测量方法，可知在标准条件下测量，由温度等环境因素带来的影响可忽略。因此对电压测量不确定度影响的因素主要有：标准电压表的示值稳定度引起的不确定度分量 u_1；标准电压表的示值误差引起的不确定度 u_2；电压测量的重复性引起的不确定度 u_3。分析这些不确定度特点可知，不确定度 u_1、u_2 应采用 B 类评定方法，不确定度 u_3 应采用 A 类评定方法。

(3) 标准不确定度评定。

① 标准电压表的示值稳定度引起的标准不确定度分量 u_1。

标准电压表示值稳定度不超过±15μV，取均匀分布，按式（5.3-5）得标准电压表示值稳定度引起的标准不确定度分量为

$$u_1=\frac{15\mu V}{\sqrt{3}}=8.7\mu V$$

因给出的示值稳定度比较可靠，故取$\frac{\sigma_{u_1}}{u_1}=0$，其自由度$\nu_1=\infty$。

② 标准电压表的示值误差引起的标准不确定度分量u_2。

示值误差为$3.5\times10^{-6}\times U$（标准电压表示值），一般示值误差按3倍标准差计算，故10V的测量值由标准电压表的示值误差引起的标准不确定度分量为

$$u_2=\frac{3.5\times10^{-6}\times10V}{3}=11.7\mu V$$

因$k=3$，可认为其置信概率较高，u_2的评定非常可靠，故取自由度$\nu_2=\infty$。

③ 电压测量的重复性引起的标准不确定度分量u_3。

由10次测量的数据，用贝塞尔法计算单次测量标准差$\sigma=9\mu V$，平均值的标准差$\sigma_{\bar{V}}=\frac{9\mu V}{\sqrt{10}}=2.8\mu V$，则电压测量的重复性引起的标准不确定度分量$u_3$为

$$u_3=\sigma_{\bar{V}}=2.8\mu V$$

自由度为$\nu_3=n-1=9$。

（4）不确定度合成。

因不确定度分量u_1、u_2、u_3相互独立，则$\rho_{ij}=0$，按式（5.5-4）可得电压测量的合成标准不确定度为

$$u_c=\sqrt{u_1^2+u_2^2+u_3^3}=\sqrt{8.7^2+11.7^2+2.8^2}\ \mu V=14.85\mu V\approx15\mu V$$

按式（5.5-7）计算其自由度，可得

$$\nu=\frac{u_c^4}{\frac{u_1^4}{\nu_1}+\frac{u_2^4}{\nu_2}+\frac{u_3^4}{\nu_3}}=\frac{15^4}{\frac{8.7^4}{\infty}+\frac{11.7^4}{\infty}+\frac{2.8^4}{9}}=7412$$

（5）扩展不确定度。

取置信概率$P=95\%$，由自由度$\nu=7412$，查t分布表得$t_{0.95}(7412)=1.96$，即包含因子$k=1.96$。故电压测量的扩展不确定度为

$$U=ku_c=1.96\times15\mu V=29.4\mu V\approx30\mu V$$

（6）不确定度报告。

① 用合成标准不确定度评定电压测量的不确定度，测量结果为

$$V=10.000104V,\quad u_c=15\mu V,\quad \nu=7412。$$

② 用扩展不确定度评定电压测量的不确定度，测量结果为

$$V=(10.000104\pm0.000030)\,\text{V},\quad P=95\%,\quad \nu=7412。$$

【例 5.7-2】 通过直接测量圆柱体的直径 D 和高度 h 来计算圆柱体的体积 V。由分度值为 0.01mm 的测微仪重复 6 次分别测量直径 D 和高度 h，列表如下。试给出圆柱体体积测量报告。

n						
D_i/mm						
h_i/mm						

解：

（1）圆柱体体积测量模型：

$$V=\frac{\pi}{4}D^2h$$

（2）计算测量结果的最佳估计值：

$$\overline{D}=\frac{1}{6}\sum_{i=1}^{6}D_i=10.080\text{mm}$$

$$\overline{h}=\frac{1}{6}\sum_{i=1}^{6}h_i=10.110\text{mm}$$

$$V=\frac{\pi}{4}\overline{D}^2\,\overline{h}=806.8\text{mm}^3$$

（3）测量不确定度分析。

对体积 V 的测量不确定度影响显著的因素有：

① 直径 D 测量重复性引起的测量不确定度 u_1；

② 高度 h 测量重复性引起的测量不确定度 u_2；

③ 测微仪示值误差引起的不确定度 u_3；

u_1、u_2 属于 A 类不确定度，u_3 属于 B 类不确定度。

（4）标准不确定度分量的评定。

① 直径 D 测量重复性引起的测量不确定度 u_1：

$$u(D)=\sigma_{\overline{D}}=\sqrt{\frac{\sum_{i=1}^{n}(D_i-\overline{D})^2}{n(n-1)}}=0.0048\text{mm}$$

$$u_1=\left|\frac{\partial V}{\partial D}\right|u(D)=\frac{\pi}{2}hD\cdot u(D)=0.77\text{mm}^3$$

自由度 $\nu_1=n-1=5$。

② 高度 h 测量重复性引起的测量不确定度 u_2：

$$u(h)=\sigma_{\bar{D}}=\sqrt{\frac{\sum_{i=1}^{n}(h_i-\bar{h})^2}{n(n-1)}}=0.0026\text{mm}$$

$$u_2=\left|\frac{\partial V}{\partial h}\right|u(h)=\frac{\pi}{4}D^2\cdot u(h)=0.21\text{mm}^3$$

自由度 $\nu_2=n-1=5$。

③ 测微仪示值误差引起的不确定度 u_3：

由仪器说明书已知 $a=0.01\text{mm}$，按均匀分布，$k=\sqrt{3}$，则有

$$u_{仪}=\frac{a}{k}=0.0058\text{mm}$$

$$u_3=\sqrt{\left(\frac{\partial V}{\partial D}\right)^2+\left(\frac{\partial V}{\partial h}\right)^2}\cdot u_{仪}=\sqrt{\left(\frac{\pi}{2}Dh\right)^2+\left(\frac{\pi}{4}D^2\right)^2}\cdot u_{仪}=1.04\text{mm}^3$$

取相对标准不确定度 $\frac{\Delta u_3}{u_3}=35\%$，自由度 $\nu_3=\frac{1}{2}\left[\frac{\Delta u_3}{u_3}\right]^{-2}=4$。

(5) 计算合成标准不确定度 u_c。

可认为 u_1、u_2、u_3 相互独立，则有

$$u_c=\sqrt{u_1^2+u_2^2+u_3^2}=1.3\text{mm}^3$$

自由度 $\nu_{\text{eff}}=\frac{u_c^4}{\sum_{i=1}^{3}\frac{u_i^4}{\nu_i}}=\frac{1.3^4}{\frac{0.77^4}{5}+\frac{0.21^4}{5}+\frac{1.04^4}{4}}=7.86$，取 $\nu_{\text{eff}}=8$。

(6) 扩展不确定度 U。

取置信概率 $P=0.95$，$\nu_{\text{eff}}=8$，查 t 分布表得 $k=t_{0.95}(8)=2.31$，则

$$U=k\cdot u_c=2.31\times1.3=3.0\text{mm}^3$$

(7) 不确定度报告。

① 用合成标准不确定度评定体积的测量不确定度，测量结果为

$$V=806.8\text{mm}^3,\quad u_c=1.3\text{mm}^3,\quad \nu=8$$

② 用扩展不确定度评定体积的测量不确定度，测量结果为

$$V=(806.8\pm3.0)\text{mm}^3$$

其中，“±”后的数值为扩展不确定度 $U=k\cdot u_c=2.31\times1.3=3.0\text{mm}^3$，$k$ 是由基于 t 分布、自由度 $\nu=8$ 得到的，其置信概率为 95%。

第 6 章　计量质量统计控制

对测量（计量）过程进行质量控制，是计量保证方案的关键，是区别于其他量值传递方法的最本质特征和优越性所在。实现质量控制的方法都是基于统计的方法，一般可分为两种：一种是统计检验法；另一种是控制图法。

6.1　计量保证方案中的误差与不确定度计算

6.1.1　传递过程误差的计算

计量保证方案实施过程的第一阶段是量值的传递过程，通过对传递过程的系统误差及随机误差的分析和计算，可以定量地确定实验室用参考标准进行测量所给出的测试数据报告值的总不确定度。

计量保证方案的传递过程及传递的不确定度如图 6.1-1 所示。

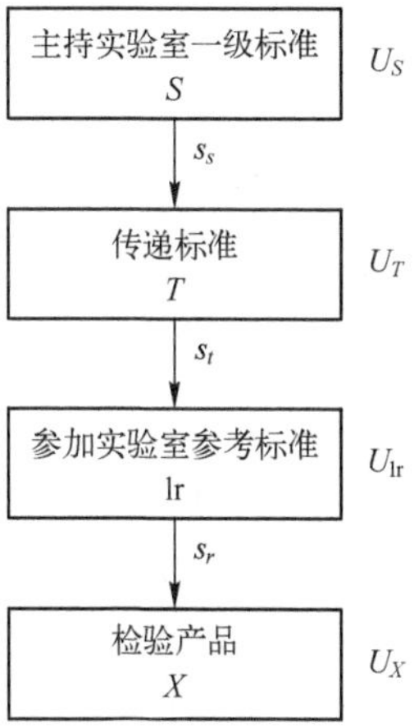

图 6.1-1　传递过程及传递的不确定度

在图 6.1-1 中，

$$U_T = U_S + 3s_s$$
$$U_{lr} = U_T + 3s_t$$
$$U_X = U_{lr} + 3s_r$$

式中：U_S 为主持实验室（中心实验室）一级标准或国家基准的不确定度；U_T 为主持实验室（中心实验室）传递标准的不确定度；U_{lr} 为参加实验室工作标准的不确定度，又称传递不确定度；U_X 为用工作标准检验产品或测试样品的报告值的不确定度。

图 6.1-1 中 s 表示计量传递过程的标准差（估计值），也称标准偏差。s_s 为主持实验室对传递标准校准过程的标准偏差；s_t 为参加实验室的工作标准测量传递标准过程的标准偏差；s_r 为参加实验室的工作标准检验产品或测试样品的报告值的标准偏差。当测量次数为 15 次以上时，随机不确定度用 $3s$ 表示，其置信概率为 99%。在计量保证中，对系统不确定度和随机不确定度的合成，推荐采用线性合成方法。

1）传递标准的不确定度

传递标准的不确定度即主持实验室校准传递标准的不确定度。传递标准的值是由主持实验室校准得到的，因此，主持实验室一级标准的不确定度为传递标准校准过程的系统不确定度，而主持实验室校准传递标准时的标准偏差的 3 倍是校准过程的随机不确定度。传递标准的不确定度 U_T 应由主持实验室给出：

$$U_T = U_S + 3s_s \tag{6.1-1}$$

若主持实验室在校准传递标准时进行了 n 次测量，并取 n 次测量的算术平均值为传递标准的值时，式中 s_s 应该是算术平均值的标准偏差。

2）工作标准的系统误差和不确定度

工作标准的系统误差 ΔR 由参加实验室对传递标准的测得值与主持实验室给出的传递标准的校准值之差确定：

$$\Delta R = R_{\mathrm{LAB}} - R_s \tag{6.1-2}$$

$$R_s = (r_{s1} + r_{s2})/2 \tag{6.1-3}$$

式中：R_{LAB} 为参加实验室用工作标准测试传递标准获得的数值，它是 n 次测量的平均值；r_{s_1} 为主持实验室在将传递标准送往参加实验室之前，对传递标准的校准数值；r_{s2} 为参加实验室把传递标准送回后，主持实验室再次对传递标准校准所获得的数值。

当 $\Delta R \neq 0$ 时，参加实验室工作标准的系统误差引起的不确定度 U_R 是工作标准的系统不确定度的一部分。

工作标准的不确定度 U_{lr} 由传递标准的不确定度、系统误差引起的不确定度和用工作标准测试传递标准过程的随机不确定度三部分组成：

$$U_{lr} = U_T + U_R + 3s_t \tag{6.1-4}$$

如果参加实验室能把工作标准调整或修正到使 $\Delta R = 0$，则参考标准的不确

定度为

$$U_{\mathrm{lr}}=U_T+3s_t \tag{6.1-5}$$

3）报告值的不确定度 U_X

参加实验室的工作标准经传递标准校准后，对下开展产品检验或试样测试时在测试报告上给出的值称为报告值。报告值的不确定度用 U_X 表示：

$$U_X=3s_r+U_{\mathrm{lr}} \tag{6.1-6}$$

式中：U_{lr}为工作标准的不确定度；s_r 为工作标准再检验产品或测试样品时报告值的标准偏差，s_r 取决于所选用的测量方法及测量的误差结构模式。

6.1.2　核查过程的标准偏差的计算

在实施计量保证方案中，核查阶段的根本任务是监视随机误差的变动范围，必须计算出实验室在一定时间间隔内对核查标准测量的标准偏差，通过这些标准偏差来检验测量结果是否符合原来规定的不确定度，即进行测量的过程控制。

核查过程需要计算的标准偏差如下。

（1）组内标准偏差 s_w。

组内标准偏差是指在较短时期内（几天）进行一组核查测量时的标准偏差。

$$s_w=\sqrt{\frac{1}{n-1}\sum_{i=1}^{n}(x_i-\bar{x})^2} \tag{6.1-7}$$

式中：$\bar{x}$为 n 次核查的算术平均值；$n-1$ 为自由度。

自由度表示计算标准偏差（估计值）所依据的信息量，测量次数越多，标准偏差的估计值越小。

组内标准偏差是用于估计短时期内测量过程的变动性。这个短期的时间范围是根据统计测量程序完成一项校准所需的时间。组内标准偏差也称为单组标准偏差。

（2）组间标准偏差 s_b。

组间标准偏差是指在相当长的时间间隔内（几个月）几次校准的标准偏差，即在一个长周期内进行多组核查测量时，各组测量结果间的标准偏差。

$$s_b=\sqrt{\frac{1}{m-1}\sum_{i=1}^{m}(\bar{x}_i-\bar{\bar{x}})^2} \tag{6.1-8}$$

式中：m 为测量组数；$\bar{x}_i$ 为第 i 组测量的算术平均值；$\bar{\bar{x}}$ 为 m 组测量的平均值 $\bar{x}_i$ 的算术平均值。

组间标准偏差 s_b 表示每次校准间的变动性，是长周期的标准偏差。

（3）总标准偏差 s_c。

由组内标准偏差和组间标准偏差合成为核查过程的总标准偏差。

$$s_c=\sqrt{(s_w^2+s_b^2)} \tag{6.1-9}$$

计量保证方案中采用总标准偏差 s_c 来计算不确定度。总标准偏差 s_c 包括短周期和长周期内全部随机误差源产生的误差。总标准偏差取决于物理模型。

在实施计量保证方案时，常通过对核查标准的反复测量，得到一系列核查标准的测量值，相当于只有一组测量数据，可按式（6.1-7）计算总标准偏差，即此时的组内标准偏差就是总标准偏差。

（4）合并标准偏差 s_p。

计量保证方案实施一段时期后，假定测量过程处于控制状态，则将长周期内做的多组核查的各组内标准偏差合成为总的标准偏差，称为“合并标准偏差”，也称为“多组标准偏差”“联合实验标准偏差”。

$$s_p=\sqrt{\frac{\sum_{i=1}^{m}\nu_i s_{w.i}^2}{\sum_{i=1}^{m}\nu_i}} \tag{6.1-10}$$

式中：ν_i 为第 i 组测量的自由度；$\sum_{i=1}^{m}\nu_i$ 为合并标准偏差 s_p 的自由度；$s_{w.i}$为第 i 组测量的组内标准偏差。

当各组自由度相等时，有

$$s_p=\sqrt{\frac{\sum_{i=1}^{m}s_{w.i}^2}{m}} \tag{6.1-11}$$

合并标准偏差可用于修改核查过程初始建立的过程参数，使过程参数更为可靠。

6.1.3 总不确定度的计算

计量保证方案中参加实验室的工作标准经传递标准的校准及通过核查标准长期反复的核查后具有总不确定度 U：

$$U=U_{\text{lr}}+3s_c \tag{6.1-12}$$

式中：U_{lr}为工作标准的不确定度，或称为传递不确定度；s_c 为核查过程的总不确定度；$3s_c$ 为核查过程的随机不确定度。

总不确定度 U 为参加计量保证方案的实验室在实施计量保证方案后具有的测量准确度水平的表征。

6.2　计量质量控制的统计检验法

6.2.1　确定测量过程的数学模型

测量过程的数学模型时表征被测量与名义值之间关系的函数式，其中应包括系统误差和随机误差的影响量。它是制定不确定度评定程序的基础，也是设计统计控制模式的基础。

对于直接测量，一般有如下测量数学模型：

$$x = X + \xi + \delta + \varepsilon \tag{6.2-1}$$

式中：X 为被测对象的名义值；ξ 为固定偏差；δ 为测量过程的长期变化；ε 为测量过程的短期变化。

对于间接测量，可设为如下模型：

$$y = f(x_1, x_2, \cdots, x_i, \cdots, x_n) \tag{6.2-2}$$

函数形式视具体的物理关系而定，但对于 x_i，仍有

$$x_i = X_i + \xi_i + \delta_i + \varepsilon_i \tag{6.2-3}$$

对于一个参加实验室的工作标准 R，一个被检 X，一个比较仪器进行比较测量的过程，其数学模型可表示为

$$\begin{cases} x = X + \xi_x + \delta_x + \varepsilon_x \\ r = R + \xi_r + \delta_r + \varepsilon_r \end{cases} \tag{6.2-4}$$

一般情况下，对于直接测量或简单的比较测量，可以不写出测量模型。

6.2.2　建立测量过程的控制参数

参加实验室要用工作标准对本实验室的“核查标准”进行多次重复测量，以建立本实验室的测量过程控制参数。因为随机误差的统计检验必须给予充分的测量数据，因此重复测量的参数要足够多，一般最低测 15 次，以保证统计检验的有效性。

为了充分暴露实验室的环境条件变化，使随机误差的影响充分体现出来，对同一个“核查标准”在几天内重复测量 n 次，计算出测量的平均值 A_c 及其随机误差极限值 Δ。

这个核查标准的平均值 A_c 和随机误差极限值 Δ 就是测量过程的起始合格值，也就是测量过程的控制参数，又称过程参数。其数值按下式计算：

$$A_c = \frac{1}{n}\sum_{i=1}^{n} x_{c.i} \tag{6.2-5}$$

$$s_c = \sqrt{\frac{1}{n-1}\sum_{i=1}^{n}(x_{c.i} - A_c)^2} \tag{6.2-6}$$

$$\Delta = 3s_c \tag{6.2-7}$$

式中：A_c 为平均值，即核查标准的检定值；$x_{c.i}$为核查标准的单次测量值；s_c 为核查标准的标准偏差；n 为测量次数。

核查标准的控制极限为 $A_c \pm 3s_c$。

6.2.3 统计检验方法

在实验室用核查标准建立了测量过程的控制参数以后，为了保证测量过程处于连续的质量控制之中，实验室必须在一定的时间间隔内，对核查标准的测定结果用统计方法检验是否处于控制之中。一般地，统计检验有两种方法，t 检验和 F 检验。有时只用一种方法，有时要求两种方法同时进行，两者之中有一项不合格，就说明测量过程失控，就要废除对测试样品或传递标准的测量结果。如果两项都合格，则表明测量的结果在规定的不确定度范围内。

1）t 检验

t 检验是利用 t 分布进行的检验，只要可以设计出服从 t 分布的随机量，就可以利用 t 检验。t 检验主要用于测量过程单次测量值或测量组平均值的检验。

设 x_c 为校准核查标准中的单次观测值，为随机变量。令 $t=\frac{x_c-A_c}{s_c}$，A_c 和 s_c 是初始核查建立的过程参数，则 t 服从自由度 $\nu=n-1$ 的 t 分布。

x_c的随机误差的极限为 $t_{\alpha/2}(\nu)s_c$，即应有

$$|x_c-A_c| \leqslant t_{\alpha/2}(\nu)s_c \tag{6.2-8}$$

或

$$\left|\frac{x_c-A_c}{s_c}\right| \leqslant t_{\alpha/2}(\nu) \tag{6.2-9}$$

$t_{\alpha/2}(\nu)$为正态条件下，满足指定自由度和置信概率的 t 的理论临界值（上分位点，即 $\int_{t_{\alpha/2}(\nu)}^{+\infty} f(t)\,\mathrm{d}t = \alpha/2$）。$\alpha$ 为显著性水平（取 $\alpha=0.01$ 或 $\alpha=0.05$，$1-\alpha$ 为置信概率）。

在满足上述条件时测量过程处于控制状态。在长期核查后，s_c 为核查过程的总标准偏差。一般取 $t_{\alpha/2}=3$，即

$$\left|\frac{x_c-A_c}{s_c}\right| \leqslant 3 \tag{6.2-10}$$

则过程受控。此时，当测量次数 $n \geqslant 15$，即自由度 $\nu \geqslant 14$ 时，x_c 应该以 99%的概率（显著性水平 $\alpha=0.01$）落在空置极限 $A_c \pm 3s_c$ 的范围内。

如果

$$\left|\frac{x_c-A_c}{s_c}\right|>3 \tag{6.2-11}$$

此时 x_c 落在 $A_c \pm 3s_c$ 的控制限外，说明测量过程失控。

若需要更严格地控制测量过程，则可根据要求的置信概率（或显著性水平 α）及自由度，查 t 分布表得到 $t_p(\nu)$ 值。

如果 x_c 是测量组平均值，则上述 t_c 的定义以及式（6.2-8）~式（6.2-11）中的 s_c 相应更换为平均值的标准偏差即可。

2）F 检验

F 检验是利用 F 分布进行的检验，只要设计出服从 F 分布的随机量，就可以使用 F 检验。F 检验主要用于测量过程标准偏差的检验。

设受检验的测试数据组为 $x_{c.i}(i=1,2,\cdots,n)$，其组内标准偏差为

$$s_w=\sqrt{\frac{1}{n-1}\sum_{i=1}^{n}(x_{c.i}-\bar{x}_c)^2}$$

前面 m 组数据的合并组内标准偏差（联合实验标准偏差）为

$$s_p=\sqrt{\frac{1}{m}\sum_{i=1}^{m}s_{w.i}^2}$$

设统计量 $F=\dfrac{s_w^2}{s_p^2}$，则 F 服从 $F(\nu_1,\nu_2)$分布。ν_1 为受检组内标准偏差自由度，$\nu_1=n-1$；ν_2 为合并组内标准偏差自由度，$\nu_2=m(n-1)$。

$F=\dfrac{s_w^2}{s_p^2}<F_\alpha(\nu_1,\nu_2)$，$\alpha$ 为显著性水平（取 $\alpha=0.01$ 或 $\alpha=0.05$，$1-\alpha$ 为置信概率)，则表明被检组标准偏差受控，测量过程受控。否则，测量过程失控。

在以上两项检验结果中，只要有一项检验表明失控，就说明测量过程失控，应重复对核查标准测量。如果产生连续的失控，就可以预计测量过程中必有主要干扰因素影响测量过程而产生误差，例如，实验室工作标准的变动或仪器的失准等。此时，校准测量应停止，直到问题得到解决，重新建立控制。

综上所述，核查标准的功能是保证测量过程的正常运行。在计量保证方案实施过程中，实验室的工作标准、核查标准与测试样品的测量值之间始终处于一个统计的关系中。只要核查标准的统计检验结果表明测量过程处于连续受控

状态，那么就可以对测量过程做到心中有数。反之，可以发现测量过程存在的问题。

关于检验的时间间隔，如果经检验发现测量过程经常处于控制之中，检验的间隔时间就可适当延长，相反，如果检验有超出控制的情况发生，就应适当增加用核查标准检验的次数。只有在取得了一定的经验，对整个测量系统能够保持控制的时间间隔有把握时，才能正确地规定用核查标准进行检验的时间间隔。

在测量过程控制已经建立一年或更长的时间后，获得的数据越来越多。存在测量过程参数修订和数据更新问题。将核查标准建立的初始参数值，与以后积累的大量的核查标准数据进行比较，如果数据基本一致，则可根据核查标准的全部数据重新计算过程参数，得出经过修订的过程参数（因为标准偏差的计算测量次数越多，自由度越大，置信度越高）。如果比较结果发现，初始参数与以后积累的大量数据不一致，则过去的历史数据作废，由核查标准重新获得数据，计算出新的过程参数。

6.3 控制图法

控制图是表示测量过程发生变化的信号图。在计量保证方案实施时，根据建立的过程参数确定过程的基线和控制极限后，可用如下方法画出控制图：用实线表示基线，在基线上部和下部以虚线表示控制极限；在长时间的测量过程中，进行随机取样测量，测定值可以时间为横坐标画在图上；落在控制极限内的值认为处于统计控制，落在控制极限外的值，认为超出控制。如果落在极限外的值相当多，则说明测量过程有问题。

控制图作为表示统计检验结果的图示方式，具有清晰、直观和简便易行等优点，并能较容易地判定测量过程是否处于控制状态。如果从控制图上发现过程失控，那么可以判断是什么地方出了问题，并能判断问题的性质，例如，可以看出是平均值突然偏高，还是标准偏差变大了，从控制图上还可以看出今后的趋向，预期测量过程今后的数值。因此，控制图在计量保证方案中常被采用。

控制图也可用来控制核查标准的变动性，只要按确定的时间间隔对核查标准定期地测量，经过一段时间后，若发现有些值已超出控制，则控制图基线和控制极限可根据最新的核查标准测量结果予以调整。如果发现核查标准的变动性趋于稳定，可以通过模拟其变化的速度来预期核查标准今后的数值，但这只限于在线性漂移的情况下使用，如果线性被破坏而原因不易确定，就不能肯定是标准发生了变化还是测量过程发生了变化，此时必须送高一级标准进行量值传递，确定系统误差的大小并取得补偿。

控制图一般分为三种：单次测量结果的控制图；平均值的控制图；组内标准偏差的控制图。可以根据实际情况选择使用。

6.3.1　单次测量结果的控制图

单次测量结果的控制图，也称为 x 图。

对于单次测量，以最初的测量值 $x_1, x_2, \cdots, x_n$ 的平均值作为基线，即

$$\bar{x} = \frac{1}{n}\sum_{i=1}^{n} x_i$$

上控制极限为$\bar{x}+t_{\alpha/2}(\nu)s$，下控制极限为$\bar{x}-t_{\alpha/2}(\nu)s$。其中，自由度 $\nu=n-1$，$t_{\alpha/2}(\nu)$为自由度为 ν 的 t 分布临界值，s 为由最初测量结果计算的单个测量值的标准偏差的估计值，即 $s = \sqrt{\frac{1}{n-1}\sum_{i=1}^{n}(x_i - \bar{x})^2}$。

通常采用 $t_{\alpha/2}(\nu)=3$，即控制极限为 $\bar{x}+3s$ 和 $\bar{x}-3s$。

在确定基线 $\bar{x}$ 和控制极限 $\bar{x}\pm3s$ 后，就可以画出控制图。

控制图的测量结果必须由在相当宽的测量操作条件和一个相当长的时间周期内测得的数据构成，最理想的是在几个月内分别进行不少于 25 次测量。如果已经经过相当长时间的核查，且数据库的工程参数已经修订过，则测量 10~15 次也可以了。

根据上述单次测量结果的控制图可以对以后的测量进行检验和控制。当某次测量结果落在控制极限以外，表明过程发生了变化，应该分析这一变化是固定的还是瞬变的，并排除变化的因素。

6.3.2　平均值的控制图

平均值的控制图，也称为 $\bar{x}$ 图。

当测量序列的报告值是由在相当短的时间周期内对被测量的 n 次测量取算术平均值的方法计算得到的时候，采用平均值的控制图。

平均值控制图同样以 n 次最初测量值 $x_1, x_2, \cdots, x_n$ 的平均值作为过程控制的基线，即 $\bar{x} = \frac{1}{n}\sum_{i=1}^{n} x_i$；控制极限为 $\bar{x}+t_{\alpha/2}(\nu)s_{\bar{x}}$和 $\bar{x}-t_{\alpha/2}(\nu)s_{\bar{x}}$。注意，这里的 $s_{\bar{x}}$为平均值的标准偏差 $s_{\bar{x}} = \sqrt{\frac{1}{n(n-1)}\sum_{i=1}^{n}(x_i - \bar{x})^2}$。一般情况下，$t_{\alpha/2}(\nu)=3$，即控制极限为$\bar{x}+3s_{\bar{x}}$和$\bar{x}-3s_{\bar{x}}$。

6.3.3 组内标准偏差的控制图

组内标准偏差的控制图，也称为 s 图。

需要控制测量过程的精密度时采用组内标准偏差控制图，这是对测量过程短期变动性的控制。组内标准偏差控制图通常根据 F 分布的临界值给出。

下面按两种情况分析。

(1) 若有 k 个核查标准，设每一核查标准的值 $x_{c.i}(i=1,2,\cdots,k)$ 是 n 次测量的结果，即 $x_{c.i1},x_{c.i2},\cdots,x_{c.in}$。第 i 个核查标准 n 次测量的平均值为 $\bar{x}_{c.i}$，则其 n 次测量的组内标准偏差为 $s_{w.i}=\sqrt{\frac{1}{n-1}\sum_{j=1}^{n}(x_{c.ij}-\bar{x}_{c.i})^2}$，自由度 $\nu_i=n-1$。

合并各核查标准的组内标准偏差得到合并标准偏差：

$$s_p=\sqrt{\frac{\sum_{i=1}^{k}\nu_i s_{w.i}^2}{\sum_{i=1}^{k}\nu_i}}=\sqrt{\frac{\sum_{i=1}^{k}s_{w.i}^2}{k}},\quad 自由度\ \nu_p=k(n-1)。$$

另有一核查标准 t，同样进行 n 次测量，数据为 $x_{c.t1},x_{c.t2},\cdots,x_{c.tn}$，其组内标准偏差为 $s_{w.t}=\sqrt{\frac{1}{n-1}\sum_{j=1}^{n}(x_{c.tj}-\bar{x}_{c.t})^2}$。则根据 F 检验可知，当 $s_{w.t}<s_p\sqrt{F_\alpha(n-1,k(n-1))}$ 时表明核查标准 t 测量过程受控。即当核查标准 t 的组内标准偏差满足上述条件时，该核查标准的数据有效，否则，应该停止使用。

(2) 若对某一个核查标准在较长时期内进行了 k 次核查，每次核查时得到 n 个测量数据，每次核查的组内标准偏差为 $s_{w.i}(i=1,2,\cdots,k)$，自由度为 $\nu_i=n-1$，则合并标准偏差为 $s_p=\sqrt{\frac{\sum_{i=1}^{k}s_{w.i}^2}{k}}$，自由度 $\nu_p=k(n-1)$。

再按同样程序进行一次核查，得到 n 个测量数据，计算其组内标准偏差为 $s_{w.t}$，自由度为 $\nu_t=n-1$。则根据 F 检验可知，当 $s_{w.t}<s_p\sqrt{F_\alpha(n-1,k(n-1))}$ 时，表明该核查标准测量过程受控，否则为失控。

无论上述那种情况，组内标准偏差的基线为零，而控制极限是合并标准偏差的 $\sqrt{F_\alpha}$ 倍，由于标准偏差始终取正值，所以控制极限只需取上限。

6.4 统计控制模式

无论是统计检验法还是控制图法，本质上都是统计分析的方法。在实际工作中，可以单独使用，也可以组合使用。一般情况下，根据统计控制的复杂性，将统计控制分为简单控制模式和严格控制模式。

6.4.1 简单控制模式

所谓简单控制模式，就是对测量过程只有闭环量传和 t 检验，但没有 F 检验的控制模式，实际操作比较简单。

对于准确度要求较低的测量过程，或测量分散性相对稳定（标准偏差基本不变）的测量过程，可以采用简单控制模式。

简单控制模式只有 t 检验，其步骤和方法如本章前述。这里主要讨论简单控制模式下的核查间隔、初始过程参数的 n 值、闭环量传程序等问题。

1）核查间隔

相邻两次测量的时间间隔称为核查间隔。核查间隔不能太短，否则不能保证随机影响的独立性。从数据上看，间隔太短，表现为 $x_{c.i}$ 几乎没有变化，标准偏差 s_w 接近等于 0，这样过程参数无法建立。间隔也不能太长，太长了，不仅核查时间拖得很长，时间成本太高，还不能及时掌握过程变动情况，会掩盖过程变动细节。

如何确定核查间隔，根据经验，建立初始过程参数时，可通过实验掌握适当的核查间隔。设被检对象的不确定度为 U_s，对核查标准测量的平均值的标准偏差为 $s_{\bar{x}}$，调整核查间隔，使得 $s_{\bar{x}}$ 满足：

$$\frac{1}{10}U_s \leqslant 3s_{\bar{x}} \leqslant \frac{1}{5}U_s \tag{6.4-1}$$

因为标准器的不确定度要求小于被检仪器的不确定度的 1/3 即可，在此留点裕度，取 1/10～1/5，这样做一般是可以满足使用要求的。确定这个间隔可能受各种因素制约，应根据各种具体条件权衡利弊后决定。建立初始过程后的长期监控，可按“在控延长间隔，失控缩短间隔”的原则掌握。一般说来，可以在建立初始过程时每天做一次核查测量，以后再逐渐加长间隔，并观察标准偏差的变化，反复调整至合适的间隔。

2）初始过程参数的 n 值

简单控制模式一般只有一组数据，因此，通常可取 n 的初始值为 10。此后随着过程的延续，n 自然增加。当核查过程覆盖时段达到三年以上或 $n>30$ 时，可考虑限制 n 值，令 $n=N$，取最新的 N 个数据计算平均值和标准偏差。时段的长短和 N 的大小按实际需要确定。

3）闭环量传程序

对核查过程的控制仅解决了参加实验室检定过程在长时间内的变动问题

（简单控制模式控制了偏差的变动，严格控制模式还可解决标准变动性问题），并评定了今后检定过程的标准不确定度。但这是不够的，还必须使量值与国家基准或主持实验室指定的参考标准联系起来。闭环量传程序要达到两个目的：

（1）确定参加实验室测量结果与国家基准或指定参考标准（这个参考标准已溯源至国家基准）的偏移量。

（2）获得从国家基准至参加实验室（自身检定过程以外）的各个量传环节的标准不确定度分量，结合长期的核查数据合理评估参加实验室今后检定过程的扩展不确定度。

传统的逐级送检的方法，仅能近似达到第（1）个目的，按现行的绝大多数检定规程规定，检定只确定偏移量（常称为偏差或误差），没有也不可能评定代表长期检定过程的扩展不确定度（因缺乏统计控制）。而且这个偏移量仅仅是被检对象在特定时间、特定环境，由特定的人进行操作，取 1~3 次测量值评定出来。虽然，把“工作标准”送到上级检定合格，但从上级检定机构运回自己的实验室，经过路途震动等的影响，并且使用的环境条件、时间、地点、操作者均已变化，难以保证偏移量在整个检定周期内保持不变（事实上不可能不变）。由于缺乏反馈环节和统计控制，变多少、怎么变，没有人知道。这就是开环的量值传递。

综合考察国内外做法，计量保证方案的闭环量传一般采用如下程序。

工作标准放在参加实验室原地不动，不送检，利用传递标准来与上级参考标准取得联系。这样做使工作标准免受运输过程的影响并一直保持测量条件不变。

（1）先在主持实验室用参考标准对传递标准做重复测量，计算平均值和标准偏差。

（2）将传递标准运到参加实验室，参加实验室把它作为被检对象，用工作标准对传递标准做重复测量，计算平均值和标准偏差。一般主持实验室的测量结果应对参加实验室保密，以避免凑数据。若参加实验室人员水平高，对计量保证方案有深刻理解，也可以不保密，甚至由参加实验室自己处理数据。

（3）传递标准连同参加实验室的测量数据返回主持实验室，主持实验室再次用参考标准测量传递标准，计算平均值和标准偏差。比较主持实验室前后两次测量结果，可确定传递标准在往返运输途中的变动。对于简单控制模式，可根据工作标准的不确定度，确定一个允许的变动量，也可以用 t 检验的方法确定允许变动量。超过此界限为传递失败，必须推倒重来；不超过界限认为传递成功，可合并主持实验室的两次测量数据，重新计算平均值和标准偏差。

（4）主持实验室按照第（3）步确定的平均值与参加实验室的测量平均值

做比较，可确定参加实验室的测量结果的偏移量（偏差），完成闭环量传的第（1）个目的。

（5）利用主持实验室、参加实验室重复测量传递标准时的标准偏差，可以分别计算这两个环节的标准不确定度，主持实验室的参考标准自身的标准不确定度一般由上级校准时确定，是已知的，以上三项标准不确定度加上参加实验室检定过程的标准不确定度（可由核查过程的标准不确定度直接代表），就可评估参加实验室今后检定过程的合成标准不确定度和扩展不确定度，从而达到闭环量传的第（2）个目的。

（6）主持实验室依据核查过程参数和传递数据，可判别参加实验室的测量过程是否“在控”，打印和签发“在控”（或“失控”）报告书。报告书在法制管理意义下，等同于检定证书。

由以上分析可知，当对测量过程实行了统计控制盒采用闭环量传程序后，所确定的偏移量不受运输震动和测量条件变化的影响。测量过程受到长期监控，测量结果控制在概率分布的一定范围内。因此，所评定的不确定度是真正有效的，偏移量是稳定可靠的。这样就可以保证参加实验室的测量结果的充分溯源性。

6.4.2　严格控制模式

简单控制模式值控制了测量过程系统误差的变化，不能控制随机误差的变化。事实上，当测量按时序进行分组重复测量，并取定足够的组间时间间隔，以保证各组测量独立时，计算每组的平均值和标准偏差可以发现，组内平均值和组内标准偏差都是随机变化的。有时组内标准偏差会变得很大。虽然，这时组内平均值仍可能十分靠近真值，但这是不能满足使用要求的。其直观的现象是量值很不稳定，这在仪器类的计量器具的测量过程中尤为明显。若不加以控制，一方面造成不确定度过大（实际上这样的测量结果已经不可信），另一方面表明测量过程可能存在操作失误，或仪器故障，或环境变化，必须及时纠正。采用 F 检验可以有效控制标准偏差的变化。

在简单控制模式的基础上，增加 F 检验程序，就是严格控制模式。

在计量保证方案中，F 检验利用服从 F 分布的统计量（通常是被检验组方差估计值与取定多个统计组的合并方差估计值的比值）来检验各组数据的标准差的一致性。通过 F 检验可以发现和排除测量过程分散性变化的情况。

在对同一被测量进行多组测量时，为了更合理地评定不确定度，往往需要合并使用全部数据，为此，除需要各组数据平均值的一致性检验外（t 检验），还要做各组数据标准偏差的一致性检验，以衡量测试条件的稳定性，或判断外界因素对测得值的异常影响。当 F 检验和 t 检验均通过时，证明过程的测试条件稳定，且无过大的突变和漂移，过程处于统计控制之中。换句话说，通过 F 检验和 t 检验后，保证了所有测量数据来源于同一个误差分布（一般认为是正态分布）的随机样品。这就是统计控制的物理意义。由于统计控制下的多组测量覆盖了较长的时段，包含了测量条件的各种可能变化，具有相当丰富的误差分布的信息，因此，利用全部数据评定的不确定度是真正有效的，并可以预期今后相同测量过程的不确定度。

t 检验和 F 检验的步骤和方法如本章前述。这里主要讨论严格控制模式下的组内间隔及 n、m 值的确定和闭环量传过程、"失控"处理、控制点的选择等问题，同时讨论核查、传递、检定的相关性问题。

1）组内间隔及 n、m 值的确定

组内间隔一般不应小于 15min，主要考虑保证量值独立（直观现象是有一个合适的变化量），n 取 6~16 为宜。组内间隔太短或组数太少都不能保证测量值包含各种可能变化因素在内。间隔太长，不能及时发现"失控"；间隔太短，则工作量太大。组数太少（m 值太小），可信度低；组数太多（m 值太大），则建立控制的周期长，工作量大，而可信度提高不大，没有必要。

为了方便计算合并标准偏差 s_p 及确定各项检验的临界值，最好取 n 和 m 为恒定值。从控制原理看，每组的 n 相同才有可比性，n 和 m 固定便于确定临界值。

通过实验，若算得的组内标准偏差 s_w、组间标准偏差 s_b、合并标准偏差 s_p 在同一数量级，则可认为，组内间隔和组间间隔及 n、m 值取值大致合理，数学模型符合测量的物理机制。

2）闭环量传过程

（1）主持实验室用参考标准测量传递标准，一般应做 6~10 组测量。

（2）传递标准送到参加实验室，由参加实验室用工作标准测量传递标准，测量条件、方法与核查过程和检定过程相同。一般测一组数据，准确度等级较高时可测多组数据。

（3）参加实验室将传递标准连同测量结果回送主持实验室，主持实验室用参考标准测量传递标准，一般测量一组即可，用主持实验室前面测的 6~10 组数据对后一组数据作 t 检验和 F 检验。通过时，传递成功，否则必须重做传递。t 检验和 F 检验的方法十分科学地检验了传递标准的稳定性，是严格控制模式的必要环节。

（4）传递成功后，比较主持、参加实验室之间测量平均值的差异，可确定偏差。主持、参加实验室对传递标准测量的标准不确定度均作为分量参加合

成标准不确定度的计算。

（5）主持实验室根据参加实验室的核查过程的标准不确定度和传递过程的标准不确定度（包括主持和参加实验室的测量过程）以及参考标准的标准不确定度，计算合成标准不确定度及扩展不确定度，并签发测试报告书（“在控”或“失控”报告书）。

（6）为适应法制计量管理的要求，当进行一次闭环量传成功后，可合法开展计量检定工作，并继续做核查测量，长期监控测量过程变化。原则上，每次做核查测量都应自行打印一份“在控”或“失控”报告书留作备查。若过程一直“在控”，一般无须做量传（工作标准无须送检），但应结合控制图观察测量过程的全部数据，若发现存在明显漂移时应重做闭环量传（当延续较长时间以后，前面许多数据自动溢出，计量分析不能反映全部长期变化，控制图可弥补这种缺点并十分直观）。

3）“失控”处理

失控处理需要经验和技巧，应仔细检查各种可能原因。若能及时排除故障，恢复控制，前面“在控”的数据仍可使用，但自上次“在控”至本次“失控”期间使用工作标准的检定数据应弃去。恢复控制后仍用前面“在控”时的核查过程参数去检验新的核查数据，若“在控”，可继续开展检定工作。若不能及时排除故障，需要修理工作标准才能恢复正常测量时，则一般应重新申请主持实验室重做闭环量值传递。

4）控制点的选择

实施计量保证方案需要对被测量做多次、长期重复测量，工作量很大，所以除非需要面向大量、多种用途的被检计量器具作为量值传递的计量标准，一般不需要按计量检定规程规定的全部测量点进行过程控制。可根据被检计量器具的实际应用中需要保证的测量范围，合理选择控制点，用不着的测量范围大可不必浪费资源区控制它。

5）核查、传递、检定的相关性

统计控制旨在确保使用工作标准开展的计量检定过程的准确性。对于每个受控测量点，所有数据应源于预期的同一量值（或误差）分布。基于此，可综合考量核查、传递过程的标准不确定度，以及参考标准自身的标准不确定度，进而评估检定过程的合成标准不确定度与扩展不确定度，并维持其连续性，以此保障计量检定数据具备高度的可靠性与可信度。在后续检定过程中，于充分贴近受控点的量值处，仅需进行一到两次测量，即可得出测量不确定度数值。具体而言，核查过程需能代表检定过程，传递过程所确定的偏差（偏移量）应契合后续长期检定过程的实际状况。因而，传递、核查、检定这三个过程的测试条件（包括环境、操作者等因素）需保持一致。通常情况下，应使检定工作的时间尽可能接近核查工作的时间，且在进行传递测量时同步开展一组核查测量。如此便能充分确保核查、传递、检定三个过程紧密关联。对于低准确度等级的测量控制，可适当放宽上述要求。

严格控制模式兼具完善性与易操作性，若能与控制图配合运用，效果将极为理想，是极具推广价值的应用模式。

第 7 章　某控制系统低频电压新型计量方案

控制系统测试设备的计量在某大型装备计量工作中占据重要地位，占比较大。尽管控制系统及其测试设备规模庞大且结构复杂，但从参量角度来看，主要涵盖电学量、时频量和电子量，其中电学量和时频量所占比重尤为突出。测试设备主要承担电学量、时频量和电子量的测量任务，因此，确保测试设备在这些参量上的量值准确统一，是用户计量工作的核心内容。

鉴于装备的复杂性以及对量值统一的严格要求，计量考核需具备全面性、不间断性和现场性。这三个特性与高效性共同构成了某大型装备计量保障的总体需求。具体而言，全面性要求强制性指标必须直接考核，其他指标可间接考核；不间断性强调在任何时刻，装备的技术性能都能得到有效监测与控制；现场性指计量保障工作需前置到一线，实现计量工作与装备使用的深度融合，确保两者的环境条件一致，操作人员与装备使用人员也基本相同；高效性则要求计量工作紧密结合装备使用过程，充分利用装备使用数据，提升计量品质与效率。传统计量方法虽能基本满足全面性要求，但在不间断性、现场性和高效性方面仍存在较大差距。

传统计量主要采用定期检定和视情检定两种方式，然而在检定周期内，难以确保装备技术性能始终符合规定标准。例如，经过计量合格的仪器设备，可能因安装、运输等因素出现损坏或超差情况，且在下次计量前缺乏有效的监测与纠正手段。

此外，传统计量仅关注仪器设备自身的技术性能和量值统一，而忽视了仪器设备使用现场的环境条件以及使用人员的因素。实际中，装备所处的电磁环境复杂多变，温湿度波动较大，系统构成繁杂，测量环节、种类及量值众多，操作人员数量多且技术水平参差不齐。人员专业能力的不足极易导致测量数据出现偏差、错误或不可靠的情况。

同时，传统计量仅利用计量过程中产生的数据，对装备使用过程中产生的大量数据未加以利用，使得计量工作与装备实际应用相脱节，计量效率低下。

为解决上述问题，本方案借鉴计量保证方案的理念，结合某装备的实际应用情况，设计了新型计量方案，旨在满足全面性、不间断性和现场性的计量总体要求。下文将以测发控系统低频电压为例，详细阐述新型计量方案的原理。

7.1 新型计量方案的基本原理

装备测试中，低频电压是广泛涉及的一项计量参数，测发控系统中发控台上的电表、VXI 测控机柜中的 DMM 等都涉及低频电压的参数计量。低频电压计量准确度要求不一定很高，但一旦出错，会直接影响装备测量质量，酿成不可估量的后果。因此，借鉴实行计量保证方案（MAP）思想，设计新型计量方案很有实际意义。

新型计量方案实质上是解决一个重复性问题。因为只有当测量处于统计控制状态下，测量不确定度的评估才是有效的。为此在传统量传基础上：①利用一个“传递标准”，实现主持单位对参加单位的计量过程（包括设备、环境、程序和操作者技能等）的闭环量传，确定主持单位对参加单位量值传递过程的随机误差和参加单位向下量传的系统误差；②引入一个“核查标准”，对参加单位的测量过程实行统计控制，以便获得参加单位对其下量传时的不确定度信息，并长期监督其值不超过允许界限，维持主持单位量传下来的系统误差具有良好的重复性。

具体到某大型装备用户，如图 7.1-1 所示，主持实验室负责一定区域内用户的计量技术工作。各用户单位平时生产任务繁重，且设备台件数很多，传统的量值传递不仅任务量大，而且对用户的扰动也大。用户的测发控系统直接完成装备测试，属于生产一线，设备性能的好坏直接关系到装备的技术性能判断，迫切希望减轻计量工作量，提高计量质量，即在平时的工作中就能确定设备的性能是否满足要求。对于不能满足性能需求的设备能够及时发现。基于 MAP 的新型计量方案可以大大提高用户的参与度，并保证设备时时处于监控之中。用户平时获得的数据通过统计分析，用于计量判断，在较少增加用户工作量的同时，保证了计量质量，并且对计量结论的判断来自用户的实际参与，计量过程与用户使用过程趋于一致，使计量与使用一体化，本质上达到了减轻工作量、保证计量质量的目的。

图 7.1-1 所示的新型计量方案与 MAP 基本一致，其传递标准为数字多用表，核查标准为装备控制系统等效器（简称“等效器”），核传标准等效器作为“源”，同时被传递标准和工作标准测量，完成量值传递。图 7.1-2 为量传过程数据采集示意图，等效器通过插头转接装置，其信号可以同时通达工作标准测发控系统和传递标准 Agilent 34401A，测发控测试数据为 x_c，Agilent 34401A 测试数据为 x_s。x_s 与 x_c 之差就是测发控系统的系统误差。

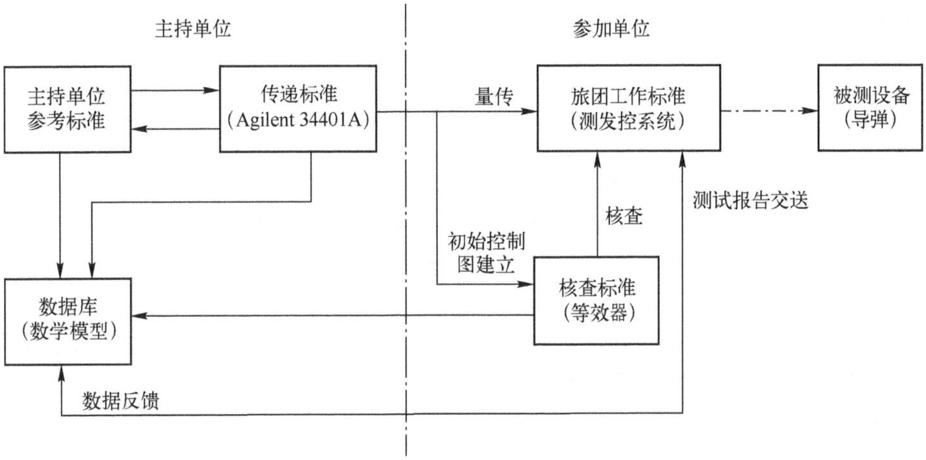

图 7.1-1　基于 MAP 新型计量方案示意图（测发控系统）

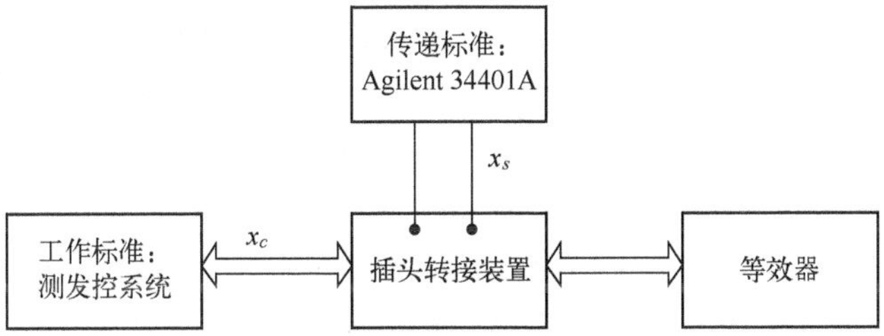

图 7.1-2　量值传递过程数据采集示意图

图 7.1-3 为核查过程数据采集图。核查标准就是等效器，测发控系统对等效器的测试数据就是其核查数据，可以利用此数据建立控制图，实施统计控制。

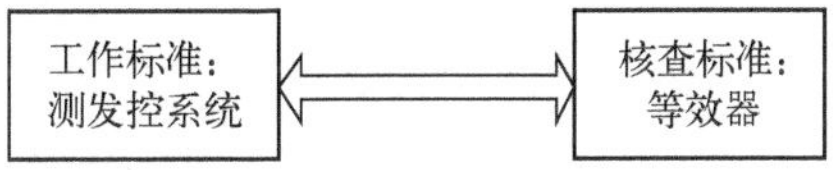

图 7.1-3　核查过程数据采集示意图

为什么选择等效器作为核查标准？

核查标准应是一个比较稳定且“像”被测对象的计量器具，或是一个稳定的数据库，作用是为工作标准提供一个可以比较的参考系。通过重复比较，提供工作标准稳定性的证据。

工作标准是测发控系统，被测对象是装备的控制系统，最“像”装备控制系统的器具就是其本身的等效器。

等效器用来等效装备控制系统，完成对地面测发控系统的检查。测试项目的名称为“等效器检查地面设备”。只有通过等效器检查的地面设备才能用于对装备测试。

等效器与“装备”最“像”，它所起的作用就是核查。但是，长期以来，人们并没有将等效器上升到“核查标准”的高度。即使地面设备通过等效器检查，仍不能称为计量合格，计量工作仍需按规定实施检定。计量工作与等效器检查地面设备完全是两种行为，风马牛不相及，这与人们设计等效器及开展等效器检查地面设备工作的初衷相违背。大概是计量工作的特殊要求使得人们望而却步，在等效器检查地面设备工作中有意回避了它的计量功能，而将计量扔给了专门从事计量工作的人。

为什么不能将等效器的检查功能堂而皇之地摆到桌面上来呢？不用等效器承担计量功能的原因如下。

(1) 等效器是测发控系统研制部门研制的，目的是检查测发控设备的功能和性能，以期做到自我自信。计量是属于其他部门的工作，越俎代庖，会带来很多协调方面的问题，因此无功能扩展的能力。

(2) 计量部门强调计量的法制性，不相信等效器能够担负计量任务，加上部门条块分割，利益攸关，不愿协同地面设备研制部门开展等效器的计量功能。

(3) 国家计量法规的限制。计量工作长期采用检定、校准的方法，实施办法是由上到下逐级传递量值，没有等效器开展计量工作的法规和办法。

现在利用等效器检查地面设备的功能，通过数据的统计处理，使测发控系统的性能处于统计控制之中。这样既发挥了等效器“像”被测设备（装备控制系统）的特点，又充分发挥了等效器检查地面测试设备的用户日常使用优势，实现用户使用与装备计量的有机结合，在不增加用户额外工作的情况下，完成测发控系统的计量工作。

具体的控制点如何选择呢？

测发控系统中的表和 DMM 等原本是常规仪器，但运用在测发控系统中就变成了专用仪器，其量测点几乎是固定的。因此，只需选择需要的固定点作为控制点，就能满足测发控系统的测试需求。

直流电压测量可以选择：$+B$：28V、$+F_1$：15V、$-F_1$：-15V 三个点。

交流电压测量可以选择：$A_I C_I$：40V/500Hz；$E_1 E_2$：20V/8kHz 两个点。

7.2 过程控制与数据处理

MAP 方案是针对参数建立统计控制过程的，每一个控制点就是一个 MAP 过程。下面以$+B$：28V 为例说明 MAP 的过程控制和数据处理方法。

7.2.1 过程参数

（1）核查标准测量值 x。核查标准测量值为 x_{ij}，下标 i 表示组，j 表示组内测量序列。对于测发控系统的核查来说，x_{ij} 为测发控系统的单一直读值。

（2）核查标准的测量值 x 的组内平均值为 $\bar{x}_i$，总的平均值为 $\bar{\bar{x}}$。

（3）组内测量次数为 n，测量组数为 m。组内标准差为 s_w，组建标准差为 s_b，合并组内标准差为 s_p，除 i 组外的合并组内标准差为 s_{pi}，极差为 R。

7.2.2 传递标准的计量

传递标准采用 Agilent 34401A 数字多用表。该表工作可靠，性能稳定，其技术参数远高于装备测试需求。为简化数据处理过程，方便用户使用，Agilent 34401A 在主持实验室计量合格后，直接向用户传递量值。回到主持实验室后，再进行一次计量，若合格，则认为传递成功。

Agilent 34401A 的计量只需计量控制点的量值。

7.2.3 传递标准量传给用户工作标准

用户工作标准为测发控系统。

以+B 点为例，运行“等效器检查地面设备”程序，如图 7.1-2 所示，通过插头转接装置引出+B 电压，接入传递标准 Agilent 34401A。测发控系统和 34401A 同时测量，34401A 的读取值用 x_s 表示，测发控读数用 x_c 表示。

每小时读取一个数，共取 6 个值，作为一组。

每天测一组，共测 15 组。用前 12 组建立初始过程（控制界限），后 3 组判断是否“在控”。

$$\bar{x}_{s.i}=\frac{\sum_{j=1}^{n}x_{s.ij}}{n},\quad \bar{\bar{x}}_s=\frac{\sum_{i=1}^{m}\bar{x}_{s.i}}{m} \tag{7.2-1}$$

式中：$\bar{\bar{x}}_s$ 作为等效器该点（+B）电压的标准值。

$$\bar{x}_{c.i}=\frac{\sum_{j=1}^{n}x_{c.ij}}{n},\quad \bar{\bar{x}}_c=\frac{\sum_{i=1}^{m}\bar{x}_{c.i}}{m} \tag{7.2-2}$$

式中：$\Delta=\bar{\bar{x}}_c-\bar{\bar{x}}_s$ 为测发控系统在该点测量的系统性因素引起的不确定度，且作为不确定度的一项进入最终的不确定度评定。

可以认为，该过程为量值传递过程，以后每年（或规定时间）的量值传递可以简化进行，只进行 1 组测量，即可确定 Δ。加上随机因素引起的不确定度，只要在控制限内，可视量值传递完成。

注意：Δ 不能随便修正掉，只有在确认其不是由系统故障引起的，且不影响部队使用的情况下，才能采取修正办法。

量传时可以修改控制图限制。

测发控系统组内测量标准差和组间测量标准差为

$$s_{w.i}=\sqrt{\frac{1}{n-1}\sum_{j=1}^{n}(x_{c.ij}-\bar{x}_{c.i})^2} \tag{7.2-3}$$

$$s_b=\sqrt{\frac{1}{m-1}\sum_{i=1}^{m}(\bar{x}_{c.i}-\bar{\bar{x}}_c)^2} \tag{7.2-4}$$

利用组内标准差对组内测量值做格拉布斯检验，剔除粗差。

要求 $\max(|x_{c.ij}-\bar{x}_{c.i}|)<g_0(n,\alpha)s_{w.i}$，否则视为有粗差，需剔除，并补测数据，重新检验，直至无粗差为止。

$g_0(n,\alpha)$ 为格拉布斯临界值，可由表 7.2-1 求得。

表 7.2-1　格拉布斯临界值

n	α		n	α	
	0.05	0.01		0.05	0.01
	$g_0(n,\alpha)$			$g_0(n,\alpha)$	
3	1.15	1.16	12	2.28	2.55
4	1.46	1.49	13	2.33	2.61
5	1.67	1.75	14	2.37	2.66
6	1.82	1.94	15	2.41	2.70
7	1.94	2.10	16	2.44	2.75
8	2.03	2.22	17	2.48	2.78
9	2.11	2.32	18	2.50	2.82
10	2.18	2.41	19	2.53	2.85
11	2.23	2.48	20	2.56	2.88

7.2.4　统计检验

1）t 检验

受检验的测试数据组 $x_{t.j}$。

$$t=\left|\frac{\bar{x}_t-\bar{\bar{x}}_c}{s_b}\right|<t_{\alpha/2}(\nu) \tag{7.2-5}$$

式中：t 为统计量；$t_{\alpha/2}(\nu)$为正态条件下，满足指定自由度和置信概率的 t 的理论临界值（上分位点，即 $\int_{t_{\alpha/2}(\nu)}^{+\infty} f(t)\mathrm{d}t = \alpha/2$）；$\alpha$ 为显著性水平（取 $\alpha=0.01$ 或 $\alpha=0.05$，$1-\alpha$ 为置信概率）；ν 为自由度，等于计算 s_b 时的数据组数 m 减去 1，即 $\nu=m-1$；$t_{\alpha/2}(\nu)$可由表 7.2-2 查得。

注意：$\bar{\bar{x}}_c$ 和 s_b 是利用前面的 m 组数据建立的初始参数，不包括被检组。下同。

表 7.2-2　$t_{\alpha/2}(\nu)$临界值

ν	α = 0.05	α = 0.01	ν	α = 0.05	α = 0.01
	$t_{\alpha/2}(\nu)$			$t_{\alpha/2}(\nu)$	
1	12.706	63.657	11	2.201	3.106
2	4.303	9.925	12	2.179	3.055
3	3.182	5.841	13	2.160	3.012
4	2.776	4.604	14	2.145	2.977
5	2.571	4.032	15	2.131	2.947
6	2.447	3.707	16	2.120	2.921
7	2.365	3.499	17	2.110	2.898
8	2.306	3.355	18	2.101	2.878
9	2.262	3.250	19	2.093	2.861
10	2.228	3.169	20	2.086	2.845

2）F 检验

受检验的测试数据组 $x_{t,j}$。

$$F=\frac{s_{w.t}^2}{s_p^2}<F_\alpha(\nu_1,\nu_2) \tag{7.2-6}$$

式中：F 为统计量；$s_{w.t}$为被检组的组内标准差；$s_p=\sqrt{\frac{1}{m}\sum_{i=1}^{m}s_{w.i}^2}$ 为前面 m 组数据的合并组内标准差（联合实验标准差）；ν_1 为受检组内标准差自由度，$\nu_1=n-1$；ν_2 为合并组内标准差自由度，$\nu_2=m(n-1)$；α 为显著性水平（取 $\alpha=0.01$ 或 $\alpha=0.05$，$1-\alpha$ 为置信概率）；$F_\alpha(\nu_1,\nu_2)$为正态条件下，指定置信概率 $1-\alpha$ 和自由度 ν_1、ν_2 的 F 理论临界值$\left(\text{即} \int_{F_\alpha(\nu_1,\nu_2)}^{+\infty} f(t)\mathrm{d}t=\alpha\right)$。

t 检验和 F 检验均通过，表明被检组正常，工程“在控”。否则，认定为

“失控”，应查明原因，重新测量，恢复控制。

7.2.5 展伸不确定度计算

对每种参数的每个测量点，都要计算展伸不确定度 U。

一般来说，工作标准（测发控系统）测量过程的合成不确定度 u_c 考虑四个来源：①主持单位“参考标准”的标准不确定度 u_{ref}；②用“参考标准”测量“传递标准”时的标准不确定度 u_M；③用“传递标准”测量“工作标准”时的标准不确定度 u_R 及偏差 Δ；④核查过程的标准不确定度 u_Y。

由于使用 Agilent 34401A 作为传递标准，Agilent 34401A 的不确定度相比导弹测试需求来说很小，可以忽略不计。因此主要考虑第③和第④项。

对于第③项，传递标准和工作标准同时测量等效器，得到一组数据 $x_{s.i}$ 与 $x_{c.i}$，构建模型：$\Delta_i = x_{c.i} - x_{s.i}$，则偏差为 $\Delta = \frac{1}{n}\sum_{i=1}^{n}\Delta_i$，标准差为 $u_\Delta = \sqrt{\frac{1}{n-1}\sum_{i=1}^{n}(\Delta_i - \Delta)^2}$。则 $u_R = u_\Delta$。

对于偏差 Δ，为系统性因素引起的偏差，如果不修正，作为系统性因素引起的不确定度参与展伸不确定度计算。u_R 作为随机因素引起的不确定度参与合成不确定度的计算。

对于第④项，若工作标准对等效器测量，获得 m 组数据进行计算，则

$$u_Y = \sqrt{s_p^2 + s_b^2} \tag{7.2-7}$$

式中：s_p 为组内合成标准偏差，$s_p = \sqrt{\frac{1}{m}\sum_{i=1}^{m}s_{w.i}^2}$；$s_b$ 为组间标准偏差，$s_b = \sqrt{\frac{1}{m-1}(\bar{x}_{c.i} - \bar{\bar{x}}_c)^2}$。

在此需要说明的一点是，一般情况下，用组内的平均值和组间的平均值作为测量结果，不确定度的计算取平均值的不确定度。由于工作标准在对弹测试时，都是以一次测量数据为结果，因此在这里应该取单次测量结果的不确定度值。

合成不确定度 u_c 计算：

$$u_c = \sqrt{u_R^2 + u_Y^2} \tag{7.2-8}$$

展伸不确定度计算：

$$U = t_c u_c \approx 3u_c \tag{7.2-9}$$

t 分布临界值 t_c 简单地取为 3，可避免计算等效自由度的复杂运算，当等

效自由度大于 50，取 3 代替理论 t_c 值，可保证测量误差以高于 99%的概率落在以 U 为半宽的区间内。

当 Δ 不修正时，将 Δ 直接加入展伸不确定度 U 中，即

$$U=t_c u_c+|\Delta|\approx 3u_c+|\Delta| \tag{7.2-10}$$

若需要计算等效自由度，等效自由度按下式计算：

$$\nu_{\mathrm{eff.}u_c}=\frac{u_c^4}{\dfrac{u_R^4}{\nu_R}+\dfrac{u_Y^4}{\nu_Y}}=\frac{u_c^4}{\dfrac{u_R^4}{\nu_R}+\dfrac{s_p^4}{\nu_p}+\dfrac{s_b^4}{\nu_b}} \tag{7.2-11}$$

式中：ν_R 为 u_R 的自由度，$\nu_R=n-1$；ν_p 为 s_p 的自由度，$\nu_p=m(n-1)$；ν_b 为 s_b 的自由度，$\nu_b=m-1$。

7.2.6　控制图的建立与使用

若 U 在测发控系统规定的指标范围内，说明测发控系统满足规定的技术指标要求，计量合格；否则，视为计量不合格。

在计量合格的情况下，利用 $\bar{\bar{x}}_s$ 与 U 建立 $\bar{\bar{x}}_s-U$ 控制图。如图 7.2-1 所示，$\bar{\bar{x}}_s$ 为中线，U 为上下控制限。

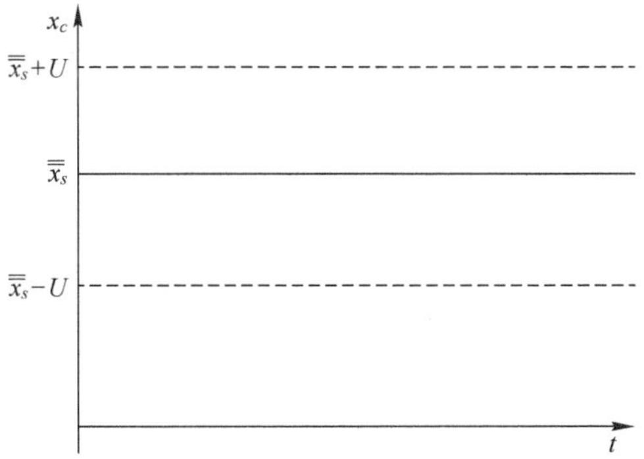

图 7.2-1　核查控制图

日常核查时，采用“等效器检查地面设备”程序，获得参数数据，若数据落在 $\bar{\bar{x}}_s-U$ 图内，则视为“在控”，否则视为“失控”。失控时，应查明失控原因，修复后重建 $\bar{\bar{x}}_s-U$ 图。

参考文献

[1] 余贤．关于计量器具现场检定、校准管理方法的探讨［J］．仪器仪表标准化与计量，2019，(05)：38-39+45.

[2] 赵泉钦，胡帆，杨敏，等．计量标准装置期间核查的方法和实例［J］．计量与测试技术，2022，49（08）：89-91.

[3] 李娜．基于 RBF 神经网络的自控仪表计量误差校正方法［J］．石油化工自动化，2023，59（03）：96-99.

[4] 张毅刚，彭喜元，姜守达，等．自动测试系统［M］．哈尔滨：哈尔滨工业大学出版社，2001.

[5] 邢菁，李佳莹，王丕适，等．实验室计量设备检定误差智能预测方法研究［J］．机械与电子，2023，41（10）：49-53.

[6] 潘伸明，王跃科，杨俊．现代测控理论基础［M］．长沙：国防科技大学出版社，2004.

[7] 施文康，余晓芬．检测技术［M］．北京：机械工业出版社，2002.

[8] 古天祥，王厚军，习友宝，等．电子测量原理［M］．北京：机械工业出版社，2004.

[9] 井凤燕，沈雅明．基于人工智能技术的计量器具自动化检定方法［J］．中国质量监管，2023，(11)：72-73.

[10] 余成波．虚拟仪器技术与设计［M］．重庆：重庆大学出版社，2006.

[11] 解本襄，丁勇，康健．基于虚拟仪器的热工仪器仪表计量检定方法［J］．中国设备工程，2024，(19)：185-187.

[12] 李行善，左毅，孙杰．自动测试系统集成技术［M］．北京：电子工业出版社，2004.

[13] 鱼利萍．热工仪器仪表计量检定方法及适用性分析［J］．自动化应用，2021，(06)：55-56+59.

[14] 陈长龄，田书林，师奕兵，等．自动测试及接口技术［M］．北京：机械工业出版社，2005.

[15] 张婷，张文博，李志龙．关于计量仪器期间核查方法的研究［J］．科技风，2024，(10)：140-142.

[16] 厉旻，卢小犇，李何良．基于智能化管理的压力传感器计量检测方法［J］．自动化技术与应用，2024，43（09）：8-11+20.

[17] 陈黎明．热工仪器仪表计量检定方法研究［J］．轻工科技，2019，35（10）：124-125.

[18] 夏士智，刘家群，成少铭．测量系统设计与应用［M］．北京：机械工业出版

社，2011.
[19] 刘万民，曾亚斌．探讨计量器具及检测仪器的自校准方法［J］．模具制造，2024，24（10）：147-149.
[20] 李昂．基于多小波变换的畸变信号电能计量方法研究［D］．哈尔滨：哈尔滨理工大学，2018.
[21] 王会龙．基于多小波变换的电能计量实验仪设计［D］．哈尔滨：哈尔滨理工大学，2017.
[22] 尚振东，张勇．智能仪器工程设计［M］．西安：西安电子科技大学出版社，2008.
[23] 张纬．含谐波源电力系统的谐波电能计量方法研究［D］．合肥：合肥工业大学，2010.
[24] 朱欣华，姚天忠，邹丽新．智能仪器原理与设计［M］．北京：中国计量出版社，2002.
[25] 赵恒一．畸变信号条件下电能计量新技术研究［D］．长沙：湖南大学，2019.
[26] 张晓冰．畸变信号条件下电网功率潮流分析与电能计量新方法研究［D］．哈尔滨：哈尔滨理工大学，2007.
[27] 岑炜，段永贤，段晓萌，等．一种基于频率自适应多阶准同步算法的直流动态电能计量方法［J/OL］．计量学报，1-10［2024-11-13］．http：//kns. cnki. net/kcms/detail/11. 1864. TB. 20241012. 1112. 002. html.
[28] 王璐．频率波动下电能计量表测量电能方法研究［J］．电气开关，2024，62（05）：38-41.
[29] 赖伟平．改进 Rsync 技术的电能计量参数优化评估方法［J］．粘接，2024，51（10）：173-176.
[30] 刘刚，李鎏阳，董振海，等．基于 PLC 与 5G 技术的电流计量设备异常自动化监测方法［J/OL］．自动化技术与应用，1-5［2024-11-13］．http：//kns. cnki. net/kcms/detail/23. 1474. TP. 20241017. 1732. 002. html.
[31] 张俊爽，吕翠杰．期间核查与稳定性考核的关系［J］．中国计量，2013，（03）：49-50.
[32] 丁小磊，潘红星．实验室仪器设备的期间核查的应用和实施［J］．江苏卫生事业管理，2016，27（06）：61-62.
[33] 林华安．GB/T 27025—2008 对期间核查要求的内涵和实施［J］．中国计量，2010，（02）：55-56.
[34] 孟祥军，刘垒，吕东平，等．计量实验室中的期间核查［J］．中国计量，2020，（06）：49-52.
[35] 阳明珠．量块比较仪的期间核查方法［J］．中国计量，2022，（11）：56-57.
[36] 宁月辉，邢宇，齐峰，等．浅析检测实验室期间核查及方法［J］．现代测量与实验室管理，2016，24（06）：52+33.